ドイツのコンパクトシティはなぜ成功するのか

近距離移動が地方都市を活性化する

村上敦

学芸出版社

はじめに――車がないまちの豊かさ

スイスのツェルマットを訪れた方はいるだろうか。海抜1600メートルの谷に位置する人口5700人のまちで、周囲をモンテローザ、マッターホルンなど4000メートル級のアルプス最高峰の山々に囲まれている。

ツェルマットでは、1931年に一般乗用車の進入を禁止することにした。そして、1972年、1986年に一般乗用車の進入禁止措置を継続することを住民投票で決めている。つまり、ほとんどの住民は車を持たない。マイカーで訪れる観光客は、まちなかから6キロメートル離れた隣町の有料駐車場に車を停めて、鉄道か電動バス、電動タクシーでツェルマットを訪れることになる。

また商用車についても、(建設用重機や緊急車両などの例外を除いて)ガソリン車やディーゼルエンジン車は市内では使用が禁止されているため、最高時速20~25キロメートルという電気自動車が古くから地域で独自に開発・製造・利用されている(配達車両や送迎車両、タクシー、手工業者向けなど)。

そもそも、ツェルマットはスイスの都市圏から遠く離れているので、自動車が利用され始めた時期が遅く、山奥のドン突きにあたる農村地域だから車の進入規制をかけやすかったこともある。ただし、マイカー通行を禁止している自治体はツェルマットだけではない。鉄道のみでつながり、車

上：一大観光地でもある風光明媚なツェルマット。典型的なコンパクトシティで、戸建て住宅はない
下：観光シーズンではない、ツェルマットの中心部の昼下がりの日常

のないまちがアルプス地方には数多く存在しているし、ドイツやオランダの北海、バルト海に浮かぶフェリーで結ばれた島々、たとえばヒデンゼーに代表されるようなカーフリーのまちもたくさんある。これらのまちは「車のないまち」という非日常を堪能できることが観光客をひきつけている。ただし、人気のある観光地だからマイカー交通を排除したのではなく、マイカーがないから優れた観光地になったのだ。

日本だったら無理にでも自動車を通すであろうそれらのまちを訪問すると、観光客だけでなく、そのまちで暮らす人びとも豊かさを享受しているように感じられる。

ツェルマットでは、学校帰りの子どもたちがアイス屋に群がり、多様な人びとが挨拶を交わし、立ち話をしながら、まちの中心部を行き来していた。子どもたちは、思い思いに道路空間を縦横無尽に歩いてゆく。とてつもなく豊かな光景を目の当たりにして呆然と見入ってしまった。

一方、日本で道路端の狭い歩道を申し訳なさそうに通学する子どもたちを目にすると心が痛くなる。どこかで私たち大人は、目先の利便性と引き換えに大切なものを失う選択をしてきた気がしてならない。

＊

日本のほとんどの地域において、自動車を主体として交通を組織していればＯＫというお気楽な時代ではすでにない。２０２５年には団塊の世代が75歳を超える。年齢別で特大の世代が自身でマイカーの運転を諦めざるをえなくなる時代が到来する。本書では、今後も進展してゆく人口減少、

手工業者、ホテル、農家、スーパーなどが利用する電気自動車。長年の活用から得られたノウハウはあるが、一見、近隣の板金屋と電気屋でつくれるレベルの車のように思える。バッテリー規格は村内で統一され、共有化されているので、充電が切れそうになったら、車をバッテリースタンドへ持ち込むと満タン充電のものと1分以内で交換してくれる

超高齢化の社会において、市民の利便性を損なわず、地域の仕事を確保し、地域経済を豊かにするようなオルタナティブな交通手段、都市計画について検討している。

具体的なキーワードは、ショートウェイシティの都市計画、自転車交通の推進、そして自動車交通の大幅な抑制と静穏化、分離化、結束化である。

人口1万人程度の自治体では、マイカー主体の交通に対して、今でも30億円以上が注ぎ込まれ、その大部分の利益が地域経済を豊かにすることなく域外に流出している構造を抱えている。この交通と経済のしくみを変える必要がある。

その成功例は、すでに欧州には数多くある。ツェルマットのように、地域で電気自動車を組織することで、大都市の自動車メーカーや中東の王族を潤すことを止める。小売店の御用聞きなどの昔ながらのしくみを維持して買い物難民を防ぐ。車が通らない通りの真ん中で市民が立ち話をする。車の騒音がしないまちなかを鼓笛隊が行進する音色が

聞こえてくる。一度その風土を体験した観光客は虜になり、物価があからさまに高いにもかかわらず、何度でも訪れるようになる。ツェルマットは安売り競争とは無縁の地だ。外資による大規模リゾート開発とも無縁で、地域に落とされたカネは地域で循環している。

そんなまちの姿を念頭に置きながら、日本の都市部や農村部で、どのように新しい交通、移動を組織するべきか、さまざまな交通手段について事例を挙げて述べている。

日本では、このままの都市計画、交通計画では、市民サービスを低下させるだけでなく、自治体そのものが消滅してしまう事態が迫っているにもかかわらず、ほとんどの地域が新しい取り組みを始めていないのが現状である。だからこそ、他に先駆けて変革を始める稀有な地域が、抜け駆けしてより豊かになれる。本書がそんな地域の人々に少しでも役に立つなら幸いである。

本書は、学芸出版社の宮本裕美氏・森國洋行氏の編集力を得て出版されている。感謝したい。そして、時間という貴重な資源を差しだしてくれた家族にも感謝する。

村上　敦

2017年1月

もくじ

1 章
日本のコンパクトシティはなぜ失敗するのか

都市計画制度が人口密度の違いを生みだす

なぜ日本では、大都市圏を除く5〜30万人規模の都市において、欧州のように質の高い公共交通や、近距離圏にある中心市街地での買い物、教育、医療などの日常サービスが提供されていないのか。あるいは、これまで（マイカーありきではあるが）なんとかなってきた市民サービスの質が将来、脅かされているのか。日本の都市計画や交通工学に携わる方々は、その理由を一般の市民にもわかりやすく説明していない。

これまで私は「まちづくり」といわれる分野で、数多くの市民、ビジネスマン、行政職員、政治家、交通や都市計画の研究者をドイツで案内しレクチャーをしてきたが、交通やまちづくりの専門家や実務者であっても、前提となる日本の状況を本質的には理解されていないように感じることが度々ある。おそらく、その要因は（ある程度うまくやっているように思われる）欧州と客観的にデータで比較して物事を思考することがないからだと思う。

たとえば、今の日本では見慣れた風景になった地方都市の「シャッター通り」という問題に対して、ドイツに来られる方々にその原因を尋ねてみると、「市民の生活行動様式の変化」「郊外の大型店の進出」などというトンチンカンな回答をいただくことがほとんどである。これらはあくまで結果であって、原因ではない。

どうも本筋の部分が日本の社会では共有されていないようなので、本書ではまず日本とドイツの都市計画制度や住宅政策から始めて交通政策の本論に進めたい。少し回りくどくなるが、大切なポイントなので、しっかり説明しておきたい。

青森市とフライブルク、日本とドイツの典型的な住まい方

最初に二つの航空写真を眺めてほしい（図1、2）。

青森県の県庁所在地である青森市は人口30万人。ドイツのフライブルク市はバーデン＝ヴュルテンベルク州の主要都市で、人口23万人を抱えている。広域合併された青森市と都市圏人口が30万人のフライブルク市とは比較をするうえで最適だと思われる。

図1、2で示した航空写真は、どちらも中央駅から2キロメートルほどの地点で、大型商業施設や公共施設、複数車線の幹線道路、あるいは鉄道の軌道、大きな緑地や農地などが含まれないところを任意で抜きだしたごく一般的な住宅地である。とりわけドイツの場合は、戦後に開発された住宅地の方が日本との対比で望ましいと考え、60年代以降に開発された住宅地を選定している。いずれも〈316m × 316m ≒ 10万m^2 = 10ha〉の範囲で切りだしており、縮尺も同じにしてある。

加えて、図3、4はグーグルマップから抜きだした同じ場所のゼンリンの地図である。両国の都市計画制度や住宅政策の違いをうまく表現している典型例だと考えるが、いかがだろうか。

まず、両都市の交通の状況について記述してみよう。

青森市は新幹線の停車駅が存在するものの、在来のＪＲ線、第三セクターの青い森鉄道ともに、路線、運行間隔が充実しているとはいいがたく、域内移動向けにはバスが最低限の路線、本数で存在するのみである。青森市に住むほとんどの成人は、マイカーが1人1台ないと暮らせないと考えているはずだ。

一方のフライブルクは、全市民の70％以上が路面電車（トラム）の停留所から３００メートル以内

図１　青森市の駅から２キロメートルの住宅地
（地図データ：Google、ZENRIN）

図２　ドイツ・フライブルクの駅から２キロメートルの住宅地
（地図データ：Google、ZENRIN）

のエリアに居住しており、バスの停留所も含めると公共交通のカバー率は98％に及ぶ。日中の路面電車は6～8分に1本運行されているため、時刻表を見る必要がなく、早朝5時半から深夜0時半まで路面電車とバスで移動できる。それどころか、若者に夜遊びの自由を与え、飲酒運転を防止するために、金曜日、土曜日などの休前日には深夜でも30分間隔、24時間体制で路面電車が、そして郊外行きのバスが運行されている。

図3　青森市の駅から2キロメートルの住宅地
（地図データ：Google、ZENRIN）

図4　フライブルクの駅から2キロメートルの住宅地
（地図データ：Google、ZENRIN）

上：フライブルクのごく普通の平日、午前 11 時の中心市街地の風景
下：青森市の中心市街地（提供：PIXTA）

市内のバスは路面電車のネットワークを補填するように密に路線が組まれており、日中は15分間隔で運行され、路面電車2本に1本ずつ接続されている。

さらに、フライブルク市内と郊外農村部を結ぶ都市近郊鉄道Sバーン（S-Bahn）が、市の中央駅から放射状に3路線出ており、周辺の2000～3万人程度の農村部と市内を30分に1本の間隔でつなぐ。終電は23時半である。

公共交通がこれだけ整備されているフライブルクでは、車を常時使用する必要がない（実際、私自身もマイカーを所持していない）。それに加えて（あるいはそれゆえに）、カーシェアリング（6章参照）も充実している。

人口規模や主要都市としての立地条件は青森市の方が上であるはずなのに（フライブルクはドイツのなかでも大都市圏から外れた僻地に立地している。3章図1参照）、公共交通、自転車交通、徒歩交通の整備状況、中心市街地の活性化の度合いなど、両都市では比較するべくもないほど違いが大きい。日本からフライブルクを訪れた方は、人口わずか20万人規模の都市とは思えない市街地の混雑具合に必ず驚かれる。

徒歩圏の都市機能が成立する人口密度

このような交通サービスの違いについて、写真や地図を眺めただけではピンとこない方のために、二つの都市のまちづくりの違いを明らかにする概念図を作成した（図5、6）。両市の統計情報から、平均的な住まい方、住宅情報を割りだし、前掲した航空写真から住宅戸数や道路延長、大きさなどを拾ってとりまとめたものが、この二つの土地利用についての概念図になる。

この概念図を作成した計算根拠や航空写真から拾い取った数値を表1にまとめた。

ドイツでも日本でも、伝統的な都市（小中規模）においては、住宅地の人口密度は自然発生的に最低130〜150人／ヘクタール程度で形成されてきた。これは、戦前や産業革命前であっても、

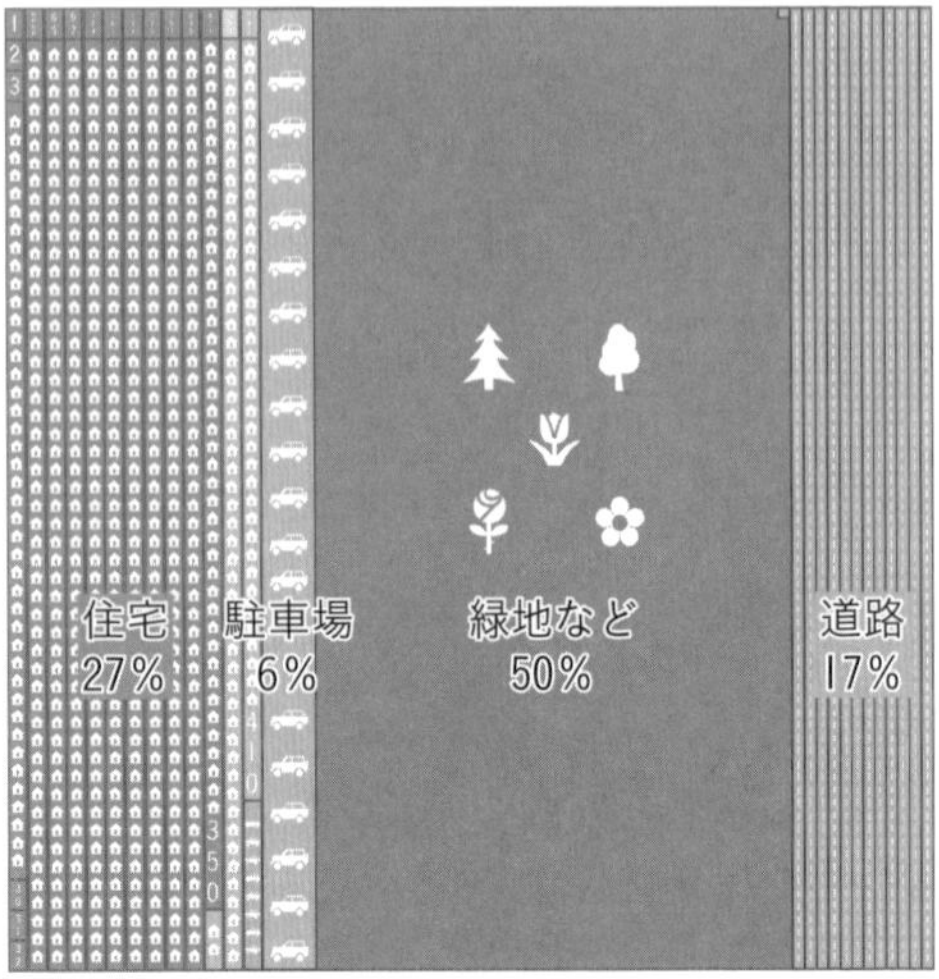

図5　青森市の駅から２キロメートルの住宅地の土地利用
（筆者作成）

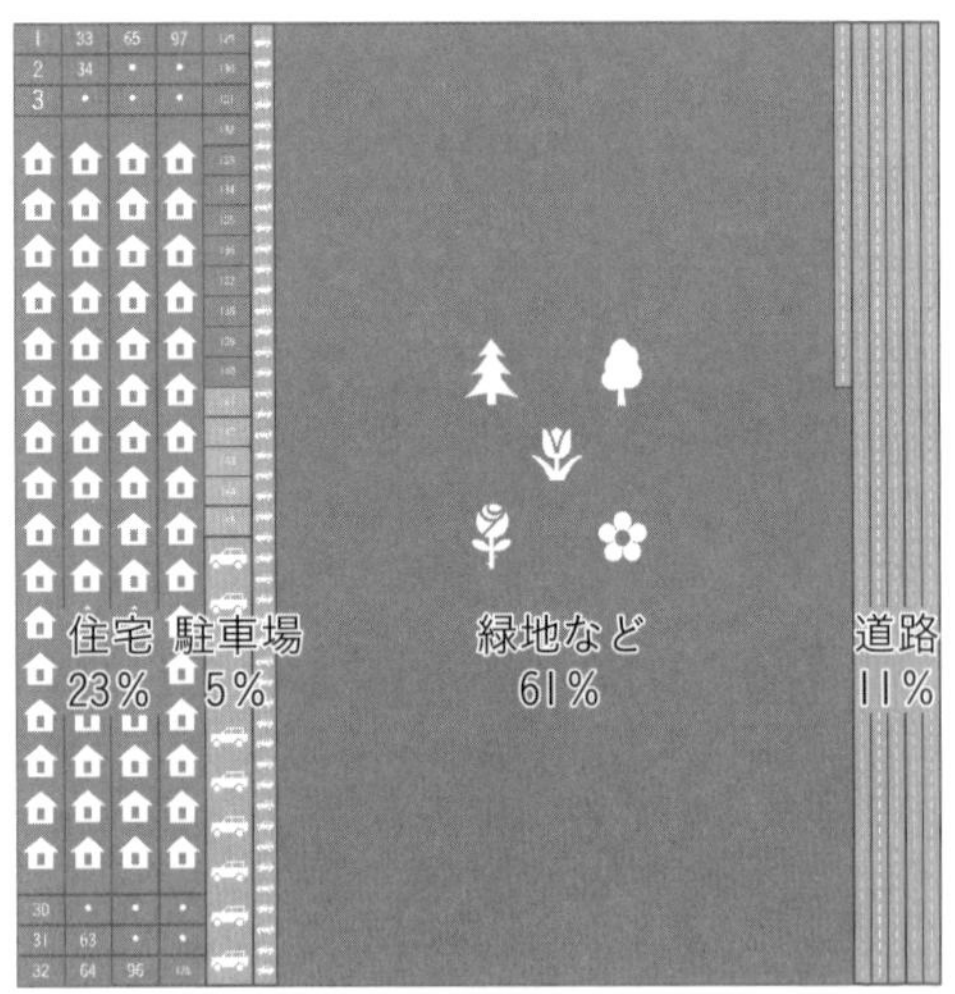

図6　フライブルクの駅から2キロメートルの住宅地の土地利用
（筆者作成）

表1　青森市とフライブルクの住宅地の土地利用状況

	青森市	フライブルク市
土地面積	316m × 316m ＝ 10 万 m^2 ＝ 10ha	316m × 316m ＝ 10 万 m^2 ＝ 10ha
建物棟数 （写真から推計）	410 棟	145 棟
市の平均空き家率 （統計値）	15%	3.5%
居住されていると考えられる棟数	410 棟× 0.85 ＝ 350 棟	145 棟× 0.965 ＝ 140 棟
1棟の建ぺい（建坪）面積	6.5m × 10m ＝ 65m^2 ≒ 20 坪	10m × 16m ＝ 160m^2 ≒ 50 坪
想定される居住延床面積	65m^2 × 1.8 ＝ 117m^2 （平均 1.8 階建て）	160m^2 × 3.0 ＝ 480m^2 （平均 3 階建て）
1棟あたりの世帯数 （市の統計値平均）	1.2 世帯	4.8 世帯
1棟あたりの居住者数 （市の統計値平均）	2.7 人	8.9 人
10ha 内の建ぺい面積 （割合）	65m^2 × 410 棟＝ 2.7 万 m^2 （27%）	160m^2 × 145 棟＝ 2.3 万 m^2 （23%）
10ha 内の居住延床面積	117m^2 × 410 棟＝ 4.8 万 m^2	480m^2 × 145 棟＝ 7.0 万 m^2
10ha 内の推定居住者数	350 棟× 2.7 人＝ 945 人 95 人 /ha	140 棟× 8.9 人＝ 1246 人 125 人 /ha
想定した駐車場面積	2.5m × 5m ＝ 12.5m^2	2.5m × 5m ＝ 12.5m^2
想定した地上駐車場数	410 棟× 1.2 世帯× 1 台＝ 492 台	145 棟× 4.8 世帯× 1 台× 60%＝ 418 台 （地下駐車場あり）
駐車場占有土地面積 （割合）	492 台× 12.5m^2 ＝ 6150m^2 （6%）	418 台× 12.5m^2 ＝ 5225m^2 （5%）
道路延長 （写真から推計）	3800m	1700m
平均的な道路幅 （写真から推計）	4.5m	6.5m
道路の土地専有面積 （割合）	3800m × 4.5m ＝ 1.7 万 m^2 （17%）	1700m × 6.5m ＝ 1.1 万 m^2 （11%）
その他面積 （庭、緑地、公有地など）	5.0 万 m^2 （50%）	6.1 万 m^2 （61%）

注：対象となる土地や住宅地自体は平均的・代表的なものを任意で選択した。青森市の土地利用状況はより高度に利用されているように安全側に計算し、フライブルクの土地利用状況はそのまま適正と思われる形で、数値を割りだしている。したがって、もし、本当にこの任意で選択した平均的と思われる住宅地が、青森市の平均的な姿を表していたり、あるいは平均がこれよりもより低度に土地利用されていたりするならば、両市の差はより開くこととなる。

（筆者作成）

市街地を平均するとおおよその数値になっている（江戸期の小都市の城下町の町割りや中世欧州の小都市の城壁内の中心市街地などは、場合によっては最大この2倍近くになる）。両国のいろいろな都市、時代における人口密度を調べて導きだした数字であるが、なぜこのような数値に近似するのか、理由は正確にはわからない。また、本当にどの都市でもそうなっているのかは断言できないが、一つの指標として覚えていただけるとよい。

この人口密度が保障されるとき、徒歩圏（３００メートル半径の円の面積＝28万平方メートル＝28ヘクタール）で３５００～４０００人ほどの一つの街区が形成され、その街区内で行政、教育や医療、小売店など、都市としての市民サービスが提供されやすかったから、自然発生的にこの人口密度になったのではないかと想像している。

また、現に人口20万人規模のフライブルクでは、前述した１３０～１５０人／ヘクタールという住宅地の人口密度を指標として建ぺい率や容積率を指定し、新興住宅地の計画や再開発を実施している。この人口密度が達成されると、住宅地内で都市として恥ずかしくない程度の市民サービスを提供でき、職住隣接や日常サービスにおいて無駄な交通需要を発生させず、あまり窮屈でない（都市機能を備えた）アーバンな生活が可能になる。

この数値の根拠についてフライブルク市の都市計画局に問い合わせたことがあるが、これはあくまで経験から導きだされた数値であり、その都市の規模や立地、歴史的な発展に応じてそれぞれ適正な値があるはずで、なぜフライブルク市がこの数字なのかという計算式は存在しないという回答を得た。同時に、交通工学の一般的な常識として、運行間隔の密度が高いバスや路面電車を運営してゆくためには、最低限この程度の人口規模と密度が必要であることは常に指摘されている。

人口密度の増減が激しい日本の住宅地

話を青森市とフライブルクに戻そう。

現在の青森市は、富山市と並んでいち早く市街地区域の「線引き」について議論し、いわゆる「コンパクトシティ」をまちづくりの優先事項に掲げた先進自治体の一つである。そのきっかけは、世界に稀に見る豪雪地帯にあり、道路が際限なく延長されると除雪費用が莫大になり、財政負担が耐え切れなくなることが想定されたこと、あるいは中心市街地の衰退やスプロール化による行政サービスの効率低下が見られるといったネガティブなものであった。

たとえば、団塊の世代が結婚し、そのジュニア層が生まれ始める１９７０年代初頭の青森市には市街地区域は３７００ヘクタール程度しかなかったが、その後、拡大を続け、２０００年には５０００ヘクタールと１・３倍以上に拡大している。

前述の航空写真から拾ったデータで１９７０年代当時の人口密度を再現してみると、〈410棟×97%（空き家率3%想定）×4.5人（1.8世帯×2.5人）÷10ha≒180人/ha〉とかなり狭く、窮屈に暮らしていただろうことが想像される。〈1人あたりの居住床面積＝4.8万m^2×97%÷1790人＝26m^2＝8坪〉で、玄関や廊下、階段、浴室などを含めても1人あたり14畳という狭さだ。当時のメディアで欧米と比較した日本の居住形態が「ウサギ小屋」であると批判されたのは当然かもしれない。

しかし同時に、大人1人に1台というマイカーは必要なく、小学校校区や住宅地街区ごとにスーパーや八百屋、肉屋、薬局、文房具屋などの専門店が揃い、銀行や郵便局、専門医といった高い市民サービスを近隣で享受できていた時代であった。

1975年には成立していた駄菓子屋とタバコ屋

ここで、先ほど解説した徒歩圏300メートルの一つの街区で考察してみよう。

1975年に前述の180人／ヘクタールの人口密度があったとすれば、その街区（28ヘクタール）には5000人が居住していたことになる。1975年の日本の平均的な年齢別人口は、未就学児が15％、小中高生が18％、19～29歳の青年層が18％、30～50代の壮年層が37％、60歳以上の高齢者層が12％程度である。青森市のこの住宅地の青年層の半分は他の都市に学生や就職で出ていたと仮定すると、この割合はそれぞれ、未就学児が17％、小中高生が20％、青年層が9％、壮年層が40％、高齢者層が14％程度と推定できる。すると、この街区には未就学児が850人、小中高生が1000人、青年層が450人、壮年層が2000人、高齢者層が700人程度いた計算になる。

たとえば、この1000人の小中高生が毎日50円のおこづかいで月に20日、駄菓子を購入したとすると、この街区の駄菓子の年間売上高は1200万円になる。この街区にはおそらくおばあちゃんが座って子どもたちの相手をしていたような駄菓子屋は3～5軒程度は立地していたはずだ。

では、タバコ屋はどうだろうか？　壮年層の45％（当時の喫煙率は男性75％、女性15％）が2日でタバコ1箱（当時150円）を喫煙していたとしたら、年間売上高は2500万円にもなる。スーパーやガソリンスタンド、職場近くの自動販売機ではなく、近所のタバコ屋でタバコを購入する人が全体の半分であったとしても、この街区には2～3軒のタバコ屋は他のサービスも並行して供給しながら立地できていたと思われる。

このように潜在的な顧客がどれだけ近隣に住んでいるかで、日常生活向けの消費財の供給や医療や教育などの市民サービス、つまり都市機能がどの程度整っていたのかを推測できる。

人口が半減し、市民サービスが低下した1995年

しかし、1980年代に人口の自然増が落ち着いてくると、核家族化の進行と少子化の影響で、人口密度は低下し続けるようになる。つまり、そこで生まれた子どもたちは大学や就職のために家を出て、そこで歳を重ねた祖父母は徐々に亡くなり始めるわけだ。そして子どもたちは再びその家に戻ることはなく、結婚しても、他の大都市圏や郊外に新しく家を構え、やがては子どもたちを育てた両親が祖父母になる。

現在の人口密度は、表1に示すように、100人／ヘクタールを優に下回っていると考えられるため、いわゆる農村部での小売り形態（よろず屋的商法）のコンビニ程度は立地できるものの、前述した1975年当時のような専門店や専門医療機関などが近隣に立地している確率はゼロに限りなく

近くなる。そうなると、大人１人１台のマイカーがなければ十分な市民サービスを享受できず、少子化で行政効率の悪化した小学校、中学校の統廃合が検討され、高校生は非効率な公共交通や自転車で長距離の通学を強いられるようになる。

念のために同じような計算をここでしてみよう。

１９９５年には遅くとも団塊ジュニア層が高等教育や就職のために家を出たはずだ。それは、この住宅地の人口密度が１００人／ヘクタールまで低下することを意味し、徒歩圏３００メートルの近隣街区に居住していた総人数は２８００人まで激減している。

１９９５年の日本全体の平均的な年齢別人口は、未就学児が８％、小中高生が13％、青年層が15％、壮年層が48％、高齢者層が16％程度である。先ほどと同じように青年層の半分がこの街区から出ていたとしたら、その割合は未就学児が10％、小中高生が15％、青年層が７％、壮年層が50％、高齢者層が18％程度となる。人数に換算すると、未就学児が２８０人、小中高生が４２０人、青年層が２００人、壮年層が１４００人、高齢者層が５００人程度。多めに計算しても、小中高の12学年で各学年には35人ずつの生徒しか存在しないことになる。１９７５年にはそれぞれの学年で少なくとも85人もいたはずなのに。これらの計算では日本の平均的な数字を使用しているため、現実の青森市、いや、他の５～20万人程度の地方都市では、小学校などの行政効率はより悲惨な状況になっていることが推測される。

さて、安全側に見積もり、任意で選択した青森市の住宅地の人口密度は現在95人／ヘクタール程度であるが、市域全体の人植地の人口密度は15人／ヘクタール程度であり（ちなみにフライブルクのそれは50人／ヘクタール）、欧州で一般的な30万人規模の都市に期待される市民サービスは与えられるはずもなく、一部の中心地、人口密集地を除くと数千人規模の農村と変わらないサービスしか提供できなくなってしまう。

都市計画制度を含む社会制度の両国の違いが、このような住宅地の状況の違いを生みだし、人口密度の違いを生みだし、そして市民サービスの質の違いを招いている。人口密度が低下したからこそ、徒歩圏（300メートル）で機能しなくなった小売店は、中距離（2キロメートル）や長距離（10キロメートル以上）を商圏としてようやく成立する。つまり、市民のマイカー利用を前提とする幹線道路沿いの大規模小売店でしか市民サービスを提供できなくなった結果が、現在の姿である。

日本の都市の寿命は人の半生にしかならない

さらに憂慮すべきことに、青森市など日本の大多数の地方都市はさらなる人口減少に脅かされている。住宅地の人口密度が50人／ヘクタールを下回ることが確実なところもすでに数多く出現しており、そうなると中距離を商圏とする小売店や市民サービスであっても多くは撤退せざるをえなくなるだろう。

なぜ、このようなことになってしまったのか。その理由は、以下の二つの指標で明確に表される。

○戸建て率：
・ドイツ＝30％
・日本＝56％
・フライブルク市＝15％以下（都市の姿）
・青森市＝68％（ドイツであれば過疎地の農村レベル）

○持ち家率：
・フライブルク市≒20％（ほとんどは賃貸の集合住宅で、全体の建物ストックの3割は公共住宅、公営住宅、地域市民が出資する協同組合式のデベロッパーによる賃貸集合住宅によって構成）
・青森市≒60％以上（ドイツであれば過疎地の農村レベル）

日本の大都市圏を除いた地方都市では、ドイツと比較にならないほど戸建て率、持ち家率が圧倒的に高い。これは航空写真からも明確に判定できる。そして、こうした高い割合の戸建て、持ち家が、日本ではドイツと異なり、一代限りで消費されてしまっている。

つまり、日本の「まち」とは、ある一家族の家族構成、世帯構成が時間とともに増加し減少してゆくのと同じように、人間の半生という短い時間軸のなかで繁栄し、そして衰退する特徴を有している。同じ場所に継続的に建て替え、住み替えが行われなければ、「まち」は持続可能に機能せず、一世代の人間の半生と同じような賞味期限しか持ちえない。

需給調整が住宅の資産価値を守るドイツ

このポイントをもう少し詳しく説明しよう。

ドイツでは、市民によって合意された目的・ビジョンに誘導するため、行政活動を完全に拘束する形でのマスタープラン（土地利用計画、Ｆプラン）と、マスタープランで特定された土地を実際に開発する際にその利用状況を具体的に拘束する地区詳細計画（建築計画、Ｂプラン）の２本立ての都市計画制度によって、住宅や商業面積の供給量を需要に対応させようとしている。もちろん、線引きのない土地はドイツには存在しない。

したがって、現在のドイツではかろうじて引っ越しができる、４・５％程度しか空き家が存在しない。同時に、需給調整がなされているから、上屋建物も含めた不動産の資産価値が、少なくとも社会のインフレ分、あるいは平均的にはインフレに１〜２％上乗せした値で、上昇傾向を示すのが一般的だ。つまり、３０００万円でマイホームを購入した人が、その家に子育て期間として20年間居住し、その後、６００〜１０００万円程度の全面的なリフォームを実施すると、20年後には上屋を含めた建物と土地の不動産価値は４５００〜５０００万円程度になる。

一般的にはマイホームの持ち主は、家族の世帯構成に変化が生じたら、より小さなアパートなどに引っ越し、その物件は別の世帯構成人数の多い子育て世代に貸すか、中古の住宅として販売する。つまり、その建物における人口密度は（時間軸で見ると多少の上下変動はあるものの）中長期的に維持されることになる。

住宅とまちが連動して空いていく日本

それに対して、日本では建物は不動産という資産であるはずなのに、おかしなことに木造建築は22年で減価償却される（会計上だけの話ではなく、実際の不動産価値も）。つまり、上屋の価値は22年でゼロとなり（あるいは取り壊し費用でマイナス２００万円となり）、土地の値段だけになってしまうのだ。

人口が膨張していた戦後から高度成長期にかけては、土地の値段は上昇を続けたため、建物の価値がゼロになることが世界的には異常なことだとは考えられていなかったようだが、人口減少が始まった地域では土地の価格が低下し始め、問題が露出した。

つまり、フラット35などの長期ローンを組んで建てたマイホームを、子育てが終了し、世帯の人員構成が変化した20年後に売却したとしても、残りのローンを返済し、同時により利便性が高い中心部のマンションを購入するための資金源にはなりえない。実際は、そもそも売れれば良い方で、買い手もつかない有様だ。それでは中古住宅の流通は機能するはずもなく、一代で2軒の住宅を建てられるような裕福層でもない限り、その住宅にしがみついて住み続けることになる。街区というマクロで眺めると、居住に必要のない2階のスペースは物置になるといった非効率な土地利用が始まる。

建物の人口密度は「2～3人→4～6人→2人→1人→空き家」と変化してゆくことになる。マクロの「まち」を構成しているミクロの個々の「住宅」が同じ時期に建築され、似たような時間軸で人口密度を変えてゆくと、そのまちの人口密度は急激に2、3倍になり、その後、2分の1、3

分の1へと短期間で増減する。

日本の地方都市が欧州と比較して持続可能に機能しない理由は、ここにある。

こうした他の先進国ではありえない日本の状況は、単に需給バランスを無視して新築をつくり続ける市場というよりも、つくり続けることを奨励している政策によって増え続ける空き家という現象として現れている。明らかに国や地方自治体の住宅政策の失策である。

こうした状況を回避するためには、適正な規模で、マイホームと変わらない品質の賃貸住宅が存在し、そのプレゼンスが高められる必要がある。しかし日本では、これに対する国や自治体などの奨励・支援政策はほとんどない。つまり、家主がぎりぎりの利回りを求めると、安普請にならざるをえず、質の低い（音が筒抜けで子育てなどがしづらい）賃貸住宅しか流通しない。

加えて、欧州の国々ではある地域においてどこにどれだけの賃貸住宅のストックが必要かを都市計画によって指定しているが、日本にはそうした制度はなく、ある時期に需要が増えると過当競争となり、期待されるわずかな利回りさえ得ることができない。そうした背景によって、欧州では人権問題になりかねないほどのチープな賃貸住宅しか日本の地方都市では提供されないのである。

前掲の表1に示した各種の数字は、フライブルクでは10年後も、20年後も、安定して維持される。それとは対照的に、青森市の人口密度は、今後も急速に低下を続けてゆく未来がほぼ決定されている。唯一の対策は、市街化区域の「線引き」と「線引き内への誘導」という生易しいものではなく、市内で全面的に空き家が一定数に抑えられるようになるまで新築を禁止し、人口減少の速度よりも迅速に市街地周辺部から減築、建物の取り壊しを行い、土地の価格や不動産価格を全市的に上昇させることである。

しかし現状では、そのような過激な政策は叶うはずもなく（そんなことを公約とした首長が今の日本の地方都市で果たして当選するのだろうか？）、今後、ますます人口が減少し、空き家は増え続け、人口密度は低下し続け、市民サービスの質は下がり続ける将来が確定してしまっている。

こうした日本の大多数の地域では、公共交通などのマイカー以外の交通手段の推進などという高度な政策は実現するはずもなく、今年の財政状況をなんとか乗り切ることが主な課題となる。貧弱な市内巡回バスを走らせたり、赤字バス路線を助成金の補填によって延命させるので精一杯で、将来のよりネガティブな課題には対応しきれず、次の世代により大きな負担を押しつける。

そんな傾向をまちの空気として察知・理解している市民は、健全な自己防衛手段として、自身の子どもを都会（＝東京）に送り込むことになり、能力のある若者は将来性のない地域を見捨てる。いや、見捨てるというよりも、理性的であるなら戻りようがない。いったん、こうしたスパイラルに転落してしまうと、ますますそのまちでは人口減少に拍車がかかる。そして、若者たちが暮らす東京はおよそ子育てしやすい環境とはいえず、日本の少子化には歯止めがかからない。

すべて、都市計画と住宅政策の失策からくるツケである。次節では、その結果について今後の推移予測を眺めてみよう。

人口減少が地域に与える真のインパクトを理解する

日本では現在、「地方創生」の掛け声がいたるところで合唱されている。日本の地方に限らず、世界のどの地域であっても、域内経済の充実、つまり域内における付加価値創造の最大化に継続的に努めている。日本でも昔から各地域は域内経済の活性化に取り組んできたはずだが、ここに来て、なにやら新しい試みのように叫ばれている。

それがジリ貧になりかけた今できるのであれば、なぜもっと前提条件の良かった過去に実施してこなかったのであろうか。外から眺めていると、全体のパイが増加する時代に、それぞれの地域が努力を怠ってきたツケを、条件が悪化した今になって急に取り戻そうとしているようにも見える。こうした動きに火が付いたのは、やはり「今そこにある」人口減少、生産年齢人口の急激な減少が原因のように思う。

これまでにも、いたるところで「人口減少問題」は繰り返し議論されてきた。すでに1970年代の半ばには日本の合計特殊出生率（1人の女性が一生に産む子どもの平均数）は2・0を下回り、少子化に突入しており、「持続可能性」について考えることのできる人間であればその時点で対策を講じるべきだが、その当時は（私たちの先輩の年代の方々には）この問題に着手する知恵はまったくなかった。恐ろしく無能かつ楽観的、短絡的だったといわざるをえない。

ようやく理解され始めた少子化の意味

そうした状況のなか、遅すぎるとはいえ社会的に注目を浴びたのが、２０１０年に出版された藻谷浩介氏の『デフレの正体—経済は「人口の波」で動く』（角川書店）であろう。50万部以上売れているというから、この「経済×人口」という切り口がいかに日本で注目を集めたかがわかる。

それに続く大きな節目は、前岩手県知事で総務大臣も務めた増田寛也氏が座長を務めた日本創生会議・人口減少問題検討分科会が「２０４０年までに全国約１８００市町村のうち約半数（８９６市町村）が消滅する恐れがある」と２０１４年に発表した「消滅可能性都市」、いわゆる「増田レポート」、および氏の著書『地方消滅—東京一極集中が招く人口急減』（中公新書）である。この発表によって日本全国津々浦々で人口減少についての問題意識が浸透し、マスメディアなども精力的にこのテーマを取り扱うようになった。

このように、過去には「限界集落」「買い物難民」などのフレーズで語られた過疎農村地帯の少子高齢化と人口減少問題は、それほど問題がまだ深刻化していなかった多くの地方都市にとっては他人事であったが、２０１４年以降は自身に降りかかる災難として認識され、それに対峙する唯一の希望を「地方創生」というフレーズのなかに押し込めてみたというのが、これまでの流れであろう。

本書では、社会にはそれほどインパクトは与えなかったものの、このような人口についての考え方をより総合的に示した貴重な文献として、国土交通省がとりまとめている「国土の長期展望」（２０１１年2月21日公表）、および政権交代後の「国土のグランドデザイン２０５０」（２０１４年7月4日公表）について、その内容を紹介したい。ただし、本書ではそれほど詳細な説明を掲載することが叶わないため、読者の皆さんには直接、自身の目で確認していただきたい。

○「国土の長期展望」

http://www.mlit.go.jp/policy/shingikai/kokudo03_sg_000030.html

○「国土のグランドデザイン２０５０」

http://www.mlit.go.jp/kokudoseisaku/kokudoseisaku_tk3_000043.html

国土の長期展望とグランドデザイン

まず、「国土の長期展望」について見てみよう。正確には、国土審議会政策部会・長期展望委員会が議論した内容を中間的にとりまとめた資料である。この資料の先進性には、これまで将来を無視し続けてきた無策の経緯を考えると目を見張るものがあるが、その発表が東日本大震災の直前であったため、マスコミでも十分に掘り下げて取り上げられることもなく、残念ながら忘れ去られた。東日本大震災のインパクトが大きすぎたのか、その後、長期展望委員会は開かれず、最終報告は出されなかった。

そして政権交代後、「国土の長期展望」で提起された問題に向けて、少なくとも解決策を見出そうとする「国土のグランドデザイン」が策定されるが、内容はまったくもって貧弱である。もっぱら

ＩＴ活用などいささか使い古された技術信仰による小手先の対策、カタカナ重視で海外事例を物真似しようという試み、東京や三大都市圏信仰の強化など、縦割りかつ総花的な内容で、現実にもしそれらの対策が実現されたとしても、「国土の長期展望」で提起された生々しい地方の現実と将来を変革することは期待できそうにない。残念ながら、「国土の長期展望」から３年の月日がかけられたとは思えないようなレベルの低い資料である。

そこで本書では、古くなってきてはいるが、「国土の長期展望」を主体として紹介してゆく。当時に考えられるかぎりの社会的な傾向を分析し、日本の将来予測を打ち立て、ここまで希望的観測を排除し、現実に基づいて踏み込んだ資料は、国が出しているものでは他にない。

地方に住んでいる方々は、ここまで数字で明らかにされると、直視することさえままならないかもしれない。だが、ほとんどすべての日本人にとって知っておくべき内容がここには記されている。

２０５０年、日本の人口は４分の１減る

「国土の長期展望」は、過去から現在、現在から２１００年までの人口の推移とその予測から始まっている（図７）。日本は２００８年にすでに人口のピーク（１億２８０８万人）を迎えており、団塊ジュニア層の出産適齢期がほぼ終わってしまった今、急激な減少傾向に転がり落ちる入口に突入している。

総務省が発行している「日本の統計」（２０１６年）によると、外国人を含めた２０１４年の総人口

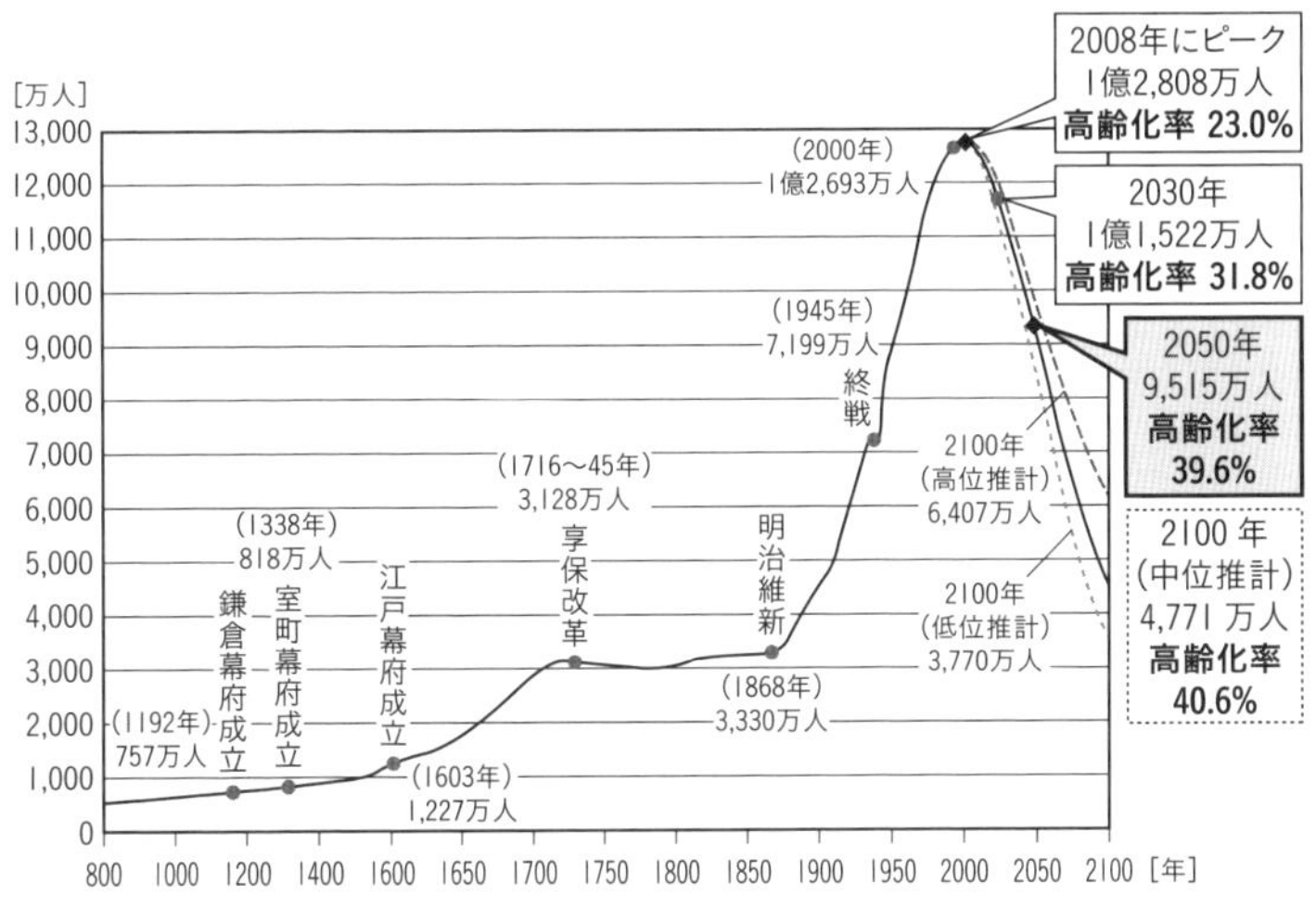

図７　千年単位で見た日本の人口推移と将来予測
（出典：国土交通省国土計画局「国土の長期展望　中間とりまとめ」2011年２月、図１-１より作成）

は１億２７０８万人で、２００８年のピーク時から６年間で１００万人減少した。秋田県あるいは香川県規模の人口が６年間で丸ごと消滅したといえば、わかりやすい。

それでも今はまだ減少傾向は緩やかであり、ここで問題となるのは、これから先の減少のスピードである。時間が経過すればするほど加速度的にこの減少傾向は速まり、２０３０年（団塊の世代が一通り平均寿命を超えるころ）には１億１５００万人となり、現在から15年で１２００万人減少する。ほぼ東京都に匹敵する人口が失われる計算だ。

２０５０年までには（団塊の世代での生き残りはほとんどおらず、団塊ジュニアがそろそろ平均寿命を迎えるころ）、さらに20年間で２０００万人ほどが減少し、１億人の大台を下回る。

また、子どもを産む可能性のある世代、そしてそれ以下の世代の人口がすでに縮小してしまっているため、今後、もし出生率が上昇したとしても（２１００年なら三度程度の再生産が行われるので影響はあるが）、２０５０年までには大きな数字の差にはならない。

つまり２０５０年の日本は、人口でおよそ９５００万人（今後35年間で25％減少）、65歳以上の年齢層の割合、いわゆる高齢化率で約40％（今後35年間で現在26％の１・５倍増加）という歴史的にこれまで日本でも他国でも経験しなかった事態を迎えることになる。この予測には、不確定な要因がほとんどないので、大きな戦争でも生じない限り、避けることができない現実だ。

高齢化だけではない、市場原理が導く人口減少

国の人口が今後35年間で25％減少し、65歳以上の高齢化率が40％超の高齢化社会を迎えるなどといってもピンとこないかもしれない。しかし、本書で問題にするのは、「国土の長期展望」に記述されている、それ以上に深刻な次の一行である。

２０５０年までに国土の7割近くの地域、エリア（66・4％）で、人口が半数以下になる。

人口は日本各地、どこでも同じようには減少しない。

東京圏の一部（東京、千葉・埼玉・神奈川の都心寄りの地域）、名古屋圏の一部（名古屋市を中心とした愛

知・岐阜・三重の海側の地域）、大阪圏の一部（滋賀・京都・大阪・兵庫のごくごくほんの一部）、そして福岡市中心圏、熊本市中心圏、沖縄本島などにおいては、人口減少が見られないばかりか、増加傾向を示す全体の2％程度の地域がある。また、新幹線が停車するような大都市では、都市圏全体ではないが、限られた面積の中心部では人口を維持するところもいくつかある。

全体の人口が大幅に減少するという局面で、一部の地域では減らないばかりか、維持や増加傾向が見られるということは、全体の平均値よりももっと急激に人口の減少傾向が出てくる地域があることを意味する。さらに、この「国土の長期展望」では、こうした平均以上の極端な減少傾向を示す地域とは、すでに過疎が始まっている地域、とりわけ人口規模が1万人以下の地域であればあるほど顕著に見られるようになると結論づけている。

その結果、前述したように、国土面積のほぼ7割の地域で人口が半数以下になるという表現の本当の意味が見えてくる。つまり、日本全国の7割の地域では、単に人口動態の影響から人口が減少したり（自然増減）、高齢化率が上昇したりするのではなく、そこに居住している市民のなかでも、次の三つの社会層が流出することが大きな問題となる。

1．人口減少に伴って経済のパイ自体が縮小していく局面で、人口規模・経済規模が小さいところ、つまり受け皿となるべき教育・雇用のインフラが十分に維持されない地域では、まず若い人が大都市圏に流出し帰ってこない（例：大学などへの進学のため、あるいはより良い条件の職場を求めて）。

2．それに伴い、経済のパイはより小さくなり、活力のある雇用の受け皿がますます弱体化し、能力に秀でている人、こうした社会情勢の移り変わりを予見できる人などが流出し帰ってこない。また他地域からそういった人材の流入もない（例：学歴・職歴の高い人、資格のある人、経験のある人、見識のある人、展望やビジョンを持つ人などが流出）。

3．社会を牽引するべき人材が流出してしまうことから、地域の閉塞感は増し、地域経済・インフラはより弱体化し、それに呼応するように他地域で生活をやり直せる資産を持つ経済力のある人が流出する（例：お金持ち、資産持ちの流出）。

ここで挙げたのは「風が吹けば桶屋が儲かる」式の話であり、前述した人口が半数以下になる7割の地域すべてで、ここで示したことがまったく同じように進むとは考えていない。また、1から3までの順番通りに進むわけでもなく、多くは同時に進行するだろう。また、これらの事象は強制されたり、誘導されたりして起きるのではなく、すべて「市場原理」で、各々の住民の意志で行われ、それに逆行するような政治・行政の誘導などは、旧東ドイツのように壁でも築かない限り、機能しないはずだ。ちなみに、旧東ドイツが壁を築いた目的は、人口の流出にストップをかけるためであった。

もちろん、この現象は限界集落といわれる日本の過疎地、とりわけ北海道や東北、山陰、あるいは離島の各地ではすでに起きている。私が長年個人的な興味を持って観察している旧東ドイツの多くの地域（旧共産圏）でも、ドイツ再統一後には同じような図式で人口激減という状況が現れた。

ここで強調したいのは、人口が半数以下になる日本の7割近くの地域で残った市民の主体が以下のようになることだ。

1. 高齢者層
2. 低学歴・低職歴・単純労働者層
3. 低収入層・貧困層・生活弱者層

人口半減などといった強烈な減少を迎える地域では、単にいろいろな社会層が均等に減るわけではない。人口が半減し、半減した人口がこのような社会層で形づくられた、全国7割の地域の2050年の姿を想像してみてほしい。ただし、そうなった地域がいけないという評価の話をここでしているわけではなく、ここでは単に客観的な事実を述べているだけだ。

地域経済が崩壊する人口減少の最終局面

ただし私は、状況はもっと悪くなると考えている。なぜなら、この「国土の長期展望」や「国土のグランドデザイン」で示されているデータが、人口の社会増減については、過去の実績から説明変数を導き、パラメーターを設置して計算しているからだ。

現実には過去の数値には見られない事柄、つまり市場原理によって前述の三つの社会層（社会の牽引役）が縮小する地域から逃げ出していくとき、かつその地域の人口規模が半減に近づいたときには、その負の状況自体がさらなる減少を増幅させ、「加速度的」にその減少傾向は進むだろう。また、三つの社会層が抜けだして、かつ人口が半数を切った地域では、自治体として基本的人権を維持できるような市民サービスの提供は諦めなければならず、経済的にほぼ崩壊する。

また、国も過去にないほど大きな問題を抱えている時期に、一つ一つの地域の困窮を救ってゆく体力はないだろう。そもそも日本という国自体が変質しているだろうし、過去の夕張市が破綻した後や、現時点での限界集落に対する国の対応よりも、２０３０～50年代の日本が国として対応できることは比較にならないほど少ないだろう。

人口縮小のカテゴリーとして「日本の長期展望」に掲げられている「50～75％の人口減少」、あるいは「75％以上の人口減少」という中途半端な事態は、モデル計算だからこそ存在する。現実には、人口が半数近くになった時点で地域経済が崩壊し、生活の基盤インフラも維持できなくなり、一直線にニアリー・ゼロへと向けて突き進むのか、それともそこまでひどくならないぎりぎりのところで、他の崩壊した地域から人口が流入して踏みとどまるのか、そのどちらかに両極化するはずだ。そのように両極化すれば、人口がほぼゼロに近づき、消滅する自治体はかなりの数に及ぶはずだ。

もちろん今後も、自治体の大合併・再編成などでより大きな自治体への移行は続けられ、それによって地方自治体の「消滅」という事実はぼかされる。しかし、今の地域コミュニティの多くが実質的には消滅する事実は変わらない。現に「平成の大合併」は人口減少と少子高齢化を理由として進められたが、それによってすでに消滅したも同然の旧町村は数多く存在し、コミュニティや風土、文化の消滅は起きている。

地域が崩壊する予測に対する反応の鈍さ

それでは具体的にどこが、その人口半減以下という7割の地域になるのだろうか。

これについては、「国土のグランドデザイン２０５０」に掲載された添付資料（http://www.mlit.go.jp/common/001046872.pdf）が大いに役立つ（図8）。そこには、1平方キロメートルメッシュに区切られた日本全体、都道府県ごとの将来の姿が生々しく掲載されている。北海道や東北の地図を直視できないのは私だけではないはずだ。

こうした将来予測の地図やデータを国が国民に提示したら、本来どのような反応が発生するのが普通だろうか。人口が半数以下になると予測された地域の不動産の大暴落、企業の大流出、前述した三つの社会層の市民の大流出などが起こるのが正常な反応のように思われる。

しかし、実際のところ、これまで「国土の長期展望」「国土のグランドデザイン」が発表された後に、そうした事柄は目立ったニュースとして表れていない。これは、数十年後の展望であるという理由と同時に、予測というものに対して大多数の人間が示す反応のように思われる。

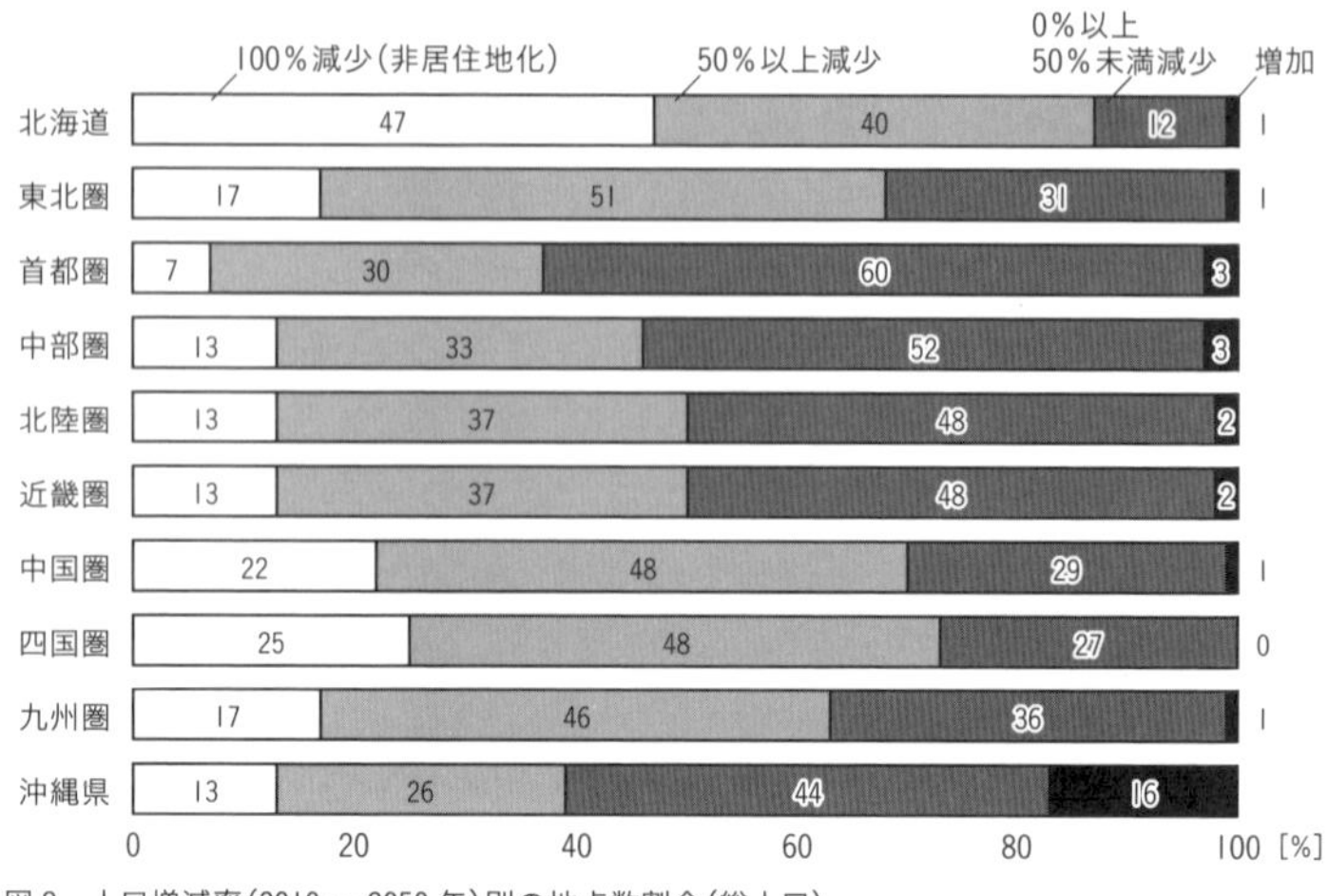

図８　人口増減率（2010 ～ 2050 年）別の地点数割合（総人口）
（出典：国土交通省「国土のグランドデザイン 2050」2014 年７月より作成）

それに加えて、これまで長きにわたって人口減少や流出が進行している地域においては「減少」という言葉にすでに麻痺しており、今後そのスピードが上昇するといわれても、今さら何を…という反応であるのかもしれない。

また、将来のことを議論し対応しようとしても、いまだに社会の決定権を持つステークホルダーの面々は、そのほとんどが２０５０年には存命しない逃げ切りできる世代である。また、若い世代にとって、今の世知辛い社会状況では、現在のことで精一杯で、35年先などという悠長なことを考えていられないのが本音だろう。

だが、このような危機的な将来像に「薄々」は大多数の人が気づいているものの、放置され続けている今日の日本の社会状況は、逆にいってみれば、人口規模が小さかったり、すでに人口の減少が始まっている地域にとっては、自身の定められた苦境を自らの変革で逆転できる唯一のチャンスだともいえる。ほかの周辺地域に先駆けて、何らかの対策を講じることで、周辺部から流出した人口の受け皿になれる可能性があるからだ。

ただし、抜け駆けの対策を打つとしても、今すぐにそれを実行しなければ、いったん減少傾向が加速し、それがさらなる減少を増幅してしまう状況に陥れば、手の施しようがなくなる。つまり、人口減少が「行き過ぎ」の局面を迎えると、その地域は終了してしまう。すでに「行き過ぎ」に到達してしまった地域は、持続可能な発展を望むこと自体が非現実的なので、いかにハードランディングを避けて、軟着陸の消滅に備えるのか、こちらの対策が重要になる。

本書には人口減少の「行き過ぎ」に到達してしまった地域を救済するようなアイデアは載せられていないし、私にはそんなうまいアイデアがあるとは思えない。「国土のグランドデザイン」で提示された解決策のほとんどが良いアイデアには思えない最大の理由は、ここにある。面状に国土を救う解決策など、そもそも存在しないのだ。

買い物難民・医療難民の増加

今の日本で基本的人権が保障された生活を営むには、「ある程度の近隣」に教育、保育、医療、介護、生活必需品の買い物などができる施設があることが前提となる。しかし、この「ある程度の近隣」が、どの程度の範囲のことを指すのかについては定義がない。「買い物難民」「医療難民」という言葉も、たとえば「居住地と病院の距離」「どのレベルの医療サービスを受けられなくなったのか」などの定義の違いで議論が分かれることになる。

ただ、そうした分野別の専門的な話はさておき、この「国土の長期展望」では、生活関連サービスについて、自治体の人口規模という単位で現状分析と将来予測を行っている。もちろん、自治体単位と一口にいっても、合併が進められた現在、東京都よりも広大な面積を持つ私の故郷、岐阜県高山市をひと括りにすること自体がナンセンスでもあるが、2008年時点の区分である1805市町村を基準として話を進める。

まず生活のインフラである買い物先について、コンビニや何でも置いてある酒屋、よろず屋のような保存食重視の小規模小売店は、人口規模が500人の自治体においては、その立地確率が80％であることが示されている。しかし、生鮮食料品を取り扱うようなスーパーでは、立地確率を80％にするには、1万2500人の人口規模が必要とされる。2005年の時点で、スーパーが立地しない可能性のある1万人に満たない自治体は482ある（全体の27％）。2050年には、スーパーがない可能性のある自治体は752、全体の42％まで上昇し、買い物が困難になる地域は増加する。

また、ここで指摘しておきたいのは、日本の自治体の多くが、ドイツのように都市計画で厳密に「線引き」をしてこなかったという事実である。

日本を見渡すと、土地の安い郊外に、ここ20～30年ほどの間に、無秩序に入植地の面積は拡大されてきた。これを都市計画用語で「スプロール化」という。人口が1万人に満たないような地域では、徒歩や自転車では移動距離が長すぎるうえに、公共交通も機能していないため、マイカーに頼

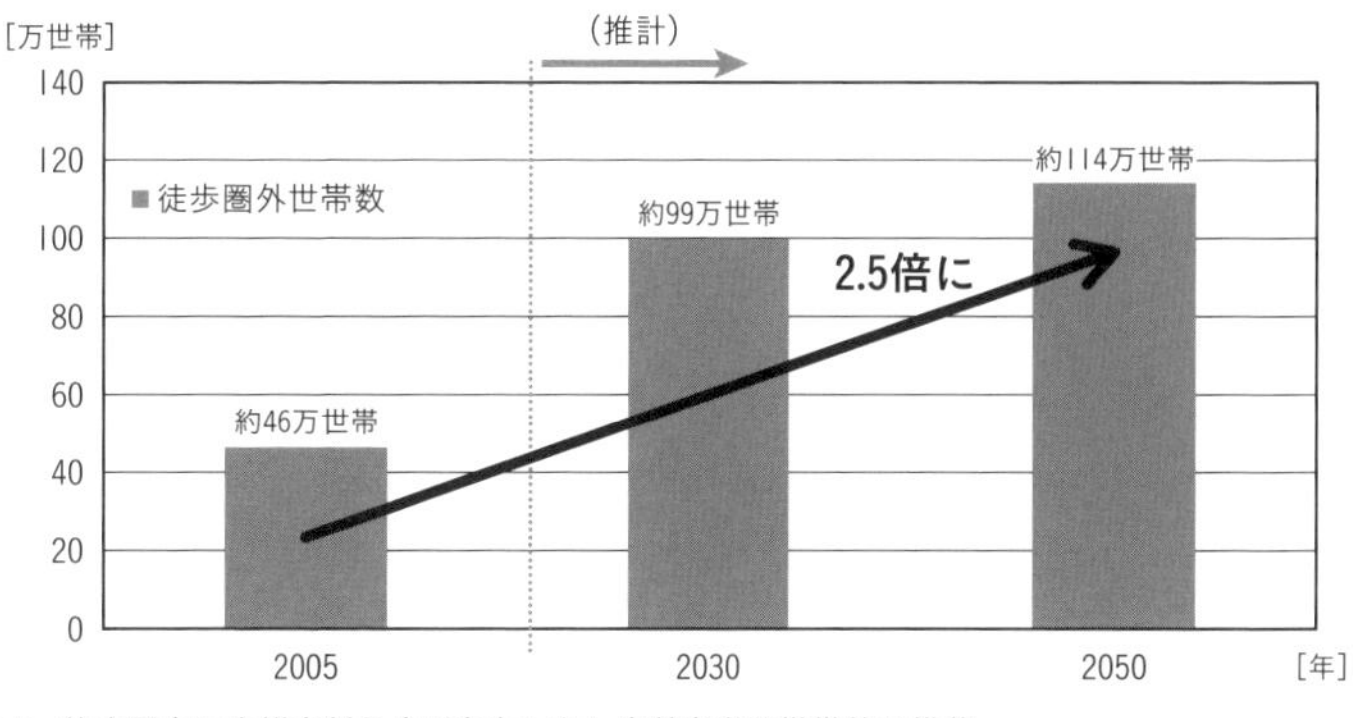

図9　徒歩圏内に生鮮食料品店が存在しない高齢者単独世帯数の推移
（出典：国土交通省国土計画局「国土の長期展望　中間とりまとめ」2011年2月、図Ⅲ-7より作成）

るしかない。

さらに２０５０年には、これまで以上に生産年齢人口が減少し、超・高齢化社会になる。また、高齢者の単身世帯が急増することが予測されている。国民の40％を超える65歳以上の高齢者のうち、はたしてどれだけの割合がマイカーを自身で運転できるのか。したがって、２０５０年に「スーパーあり」とされている自治体であっても、中心部の一部の市民以外は、とても買い物に行ける距離や状況ではないだろう（図９）。そのとき、どれだけの人がいわゆる「買い物難民」化しているのか、予想もつかない社会が到来する。

さらに厳しい状況にあるのが、医療、介護、保育などのインフラだ。立地確率を80％まで上げようとすると、病院では１万７５００人、介護施設・保育所では２万７５００人規模の人口を必要とする。

これらの施設がほとんどの確率で立地しているであろう自治体規模を人口２万人以上とすると、２００５年の段階では１００９の自治体（全体の56％）が該当するが、２０５０年にはその数は７８３（全体の43％）となり、生活に必須のインフラが少なくとも「ある程度」の近隣に置かれていない地域が半数を超えることになる。

高齢化が加速する将来、今以上により身近に医療施設や介護施設が必要になる。しかし、そうした市民のニーズとは正反対に、バタバタと地域の診療所、病院などが閉鎖されていく状況が２０５０年までに繰り広げられるのだ。

生活基盤インフラの崩壊

さらに２０５０年までに困難な問題は多発する。生活するうえで最低限必要な道路、上下水道、エネルギー供給などの生活基盤インフラの維持管理についても、立ち行かなくなる地域がたくさん出てくるのだ。

人口規模や人口密度が低くなればなるほど、１人あたりの行政コストやインフラの維持管理に対する単位コストは増加する。したがって、２０５０年までに人口が半減するといわれる全国の7割の地域では、行政コストが跳ね上がるはずだ。今から新しい道路などインフラを一切新設しないとしても、インフラの維持に今と同じだけコストがかかれば、人口が半減すると住民１人あたりのコストは2倍になる。

また、行政の借金が減る見込みは今のところ一切ない。現在、国の一般会計の歳入の半分は、新たな借入金によって賄われている強烈な自転車操業状態で、国や地方自治体の一般会計は、おおまかには以下のような状況だ。

1. 予算全体の2～3割が借金返済（本来はこれ以上借金を増やさないためにも、予算の半分以上を返済にあてなければならないにもかかわらず）
2. 予算全体の3割以上が社会福祉費用の固定費（これは給付水準を多少落とそうとも、増税によって多少税収を上げようとも、高齢化の進展で今後は総額でも割合でも急上昇が見込まれている）
3. 予算全体の2割が行政コストの固定費（多少職員をリストラしようとも、人口はそれ以上の速度で減少するので、人口1人あたりでの最低限の行政固定費の割合は下がる気配がない）

今の時点でも、議会で自由に予算を決定できる枠は多くて予算全体の2～3割ほどしかなく、経済力の弱い地方自治体によっては、ほとんど自由采配の枠が存在しない。

また、日本で高度成長期以降に建設された生活基盤インフラの大半はそろそろ更新の時期に来ている。つまり、同じ量・質のインフラを維持するためには、今よりも将来の方がコストがかかる。「国土の長期展望」では、国、都道府県、市町村の事業として国土基盤インフラ（道路や河川など生活に欠かせない基盤インフラ）を今後一切新設しないと仮定しても、その維持管理に関わるコストが増大し続けることが描かれている（図10）。２０３５年ごろには市町村の事業の場合で現状の約2倍、

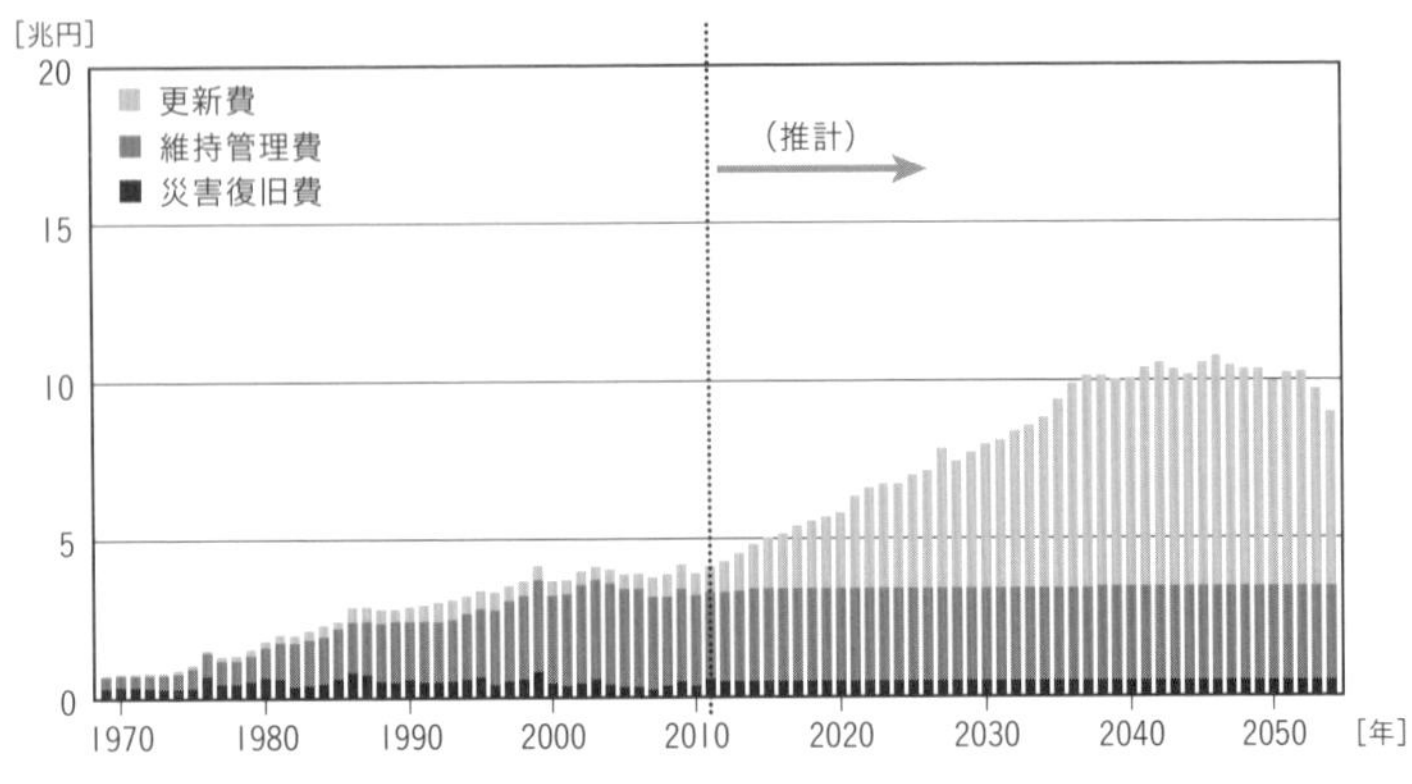

図10　国土基盤ストックの維持管理・更新費は倍増（地方圏）
（出典：国土交通省「国土の長期展望　中間とりまとめ」2011年2月、図Ⅲ-13より作成）

都道府県の事業では２０４５年ごろに現状の約2倍の維持管理費が必要になるという。人口が半数になる地域では1人あたりに換算すると4倍になる。

これを賄うカネは、はたしてどこにあるのか。基盤インフラの崩壊は、すでに現実的なものとして目の前に迫っている。

２０２５年に到来する唯一の希望

ここで一つだけ明るい話題を提供するなら、戦後にモータリゼーションを経験した日本という国で、これまでにはなかった唯一のチャンスが訪れることだ。

そのチャンスをものにするには、団塊の世代が「自身で車に乗れなくなる２０２５年」までに、つまり市民の公共交通や徒歩交通のニーズが飛躍的に上昇する10年後までに、しっかりとしたコンセプトの都市計画、交通計画を準備しておくことだ。それにより、赤字ありきの経営ではない公共交通や、有効に機能する徒歩交通、自転車交通といったマイカー代替の交通システムの導入が成功する可能性が高まる。その成功事例を3章以降の後半部で紹介してゆく。

もちろん、こうした新しい交通サービスの提供は、問題やニーズが発生してからの対処ではうまくいくはずもない。その時が来るまでに、つまり今すぐどれだけしっかりとしたコンセプトで準備を整えてゆけるのかが問われる。

たとえば、富山市では将来的に公共交通の幹線経路になるところを設定し、その周辺部にできるかぎり人口を集め（集住化）、そのほかの地域からは緩やかに撤退するような都市計画を実施している。しかし、それは、家屋の建替え期間でもある20～30年にわたって政策を貫き通さなければ有効には機能しない。

「自身で車に乗れなくなる２０２５年」までには、あと10年ほどしかない。今さら都市部でコンパクト化&公共交通の推進を図ったとしても、これに間に合わない計算だ。だが、今さらであっても、今すぐ始めなければいつ始めればよいというのだろうか？　各自治体の現状に即した対策は待ったなしだ。

人口動態が緩やかなドイツ

ここでは、日本と比較しながら、ドイツにおける最新の長期展望を眺めてみよう。

まず人口である。2015年にドイツ統計庁から発表された2060年までの人口動態の予測では、2013年に8077万人だった人口が、2020年すぎまで緩やかに増加し、8140万人まで微増する。その後、減少傾向が始まり、2050年には7190万人まで微減が続く。35年間で人口が25％も激減する日本に比べ、ドイツでは10％程度の緩やかな減少にとどまっている。2050年の時点での65歳以上の高齢化率も、ドイツでは3割以下と、日本の4割より低い。それでも、将来の人口減少と高齢化の問題は、日本以上に政治、メディア、そして国民的な関心事になっている。

また、ドイツでは日本よりも6年早い2002年に人口のピークに達し、2011年まで緩やかな減少傾向を続けており、今から数年前までの将来予測では、日本と同じように、2020年ごろから急激な人口減少が始まり、高齢化も一気に進むと考えられていた。わずか2年前の2013年に発表された人口動態予測でも、2002年に8250万人とピークに達した人口は、2020年には8040万人、2050年には7010万人になり、減少率は15％、高齢化率も33％というものので、日本よりも状況はひどくないものの、同じような傾向を抱えていたはずだった。

しかし、2008年のリーマンショックを契機にした世界的な経済の不調、および2010年の欧州ソブリン危機、それに続くギリシャ経済危機など一連の欧州経済危機により弱くなったユーロを背景として輸出が好調を続け、ドイツ経済は堅調に推移するようになったのである。

リーマンショック後も失業率は増加することなく、現在でも低下し続けている。そのため、南欧

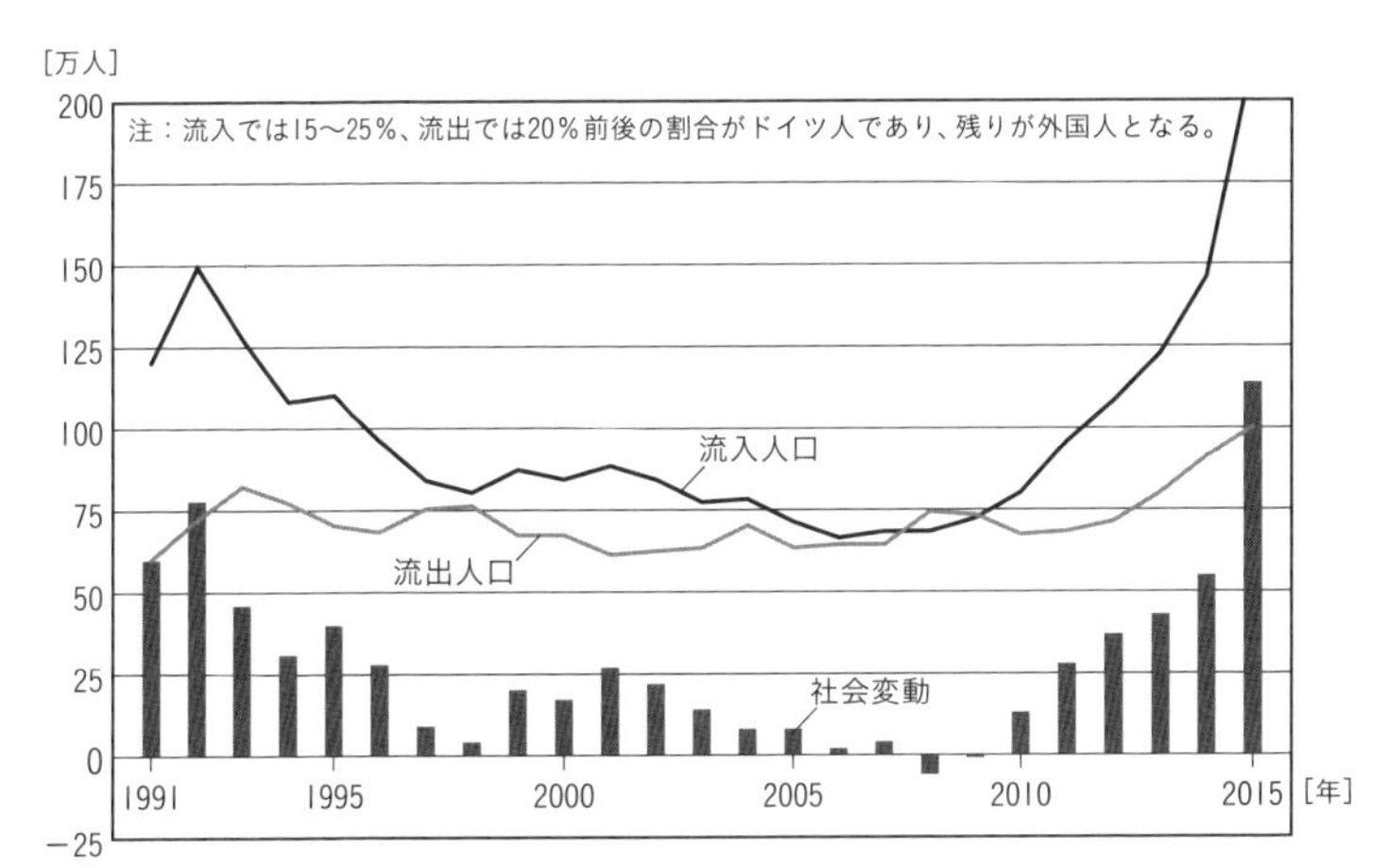

図11　ドイツにおける社会動態の推移（出典：ドイツ連邦統計庁）

州の経済的に厳しい国々（ギリシャ、スペイン、ポルトガル、イタリア、フランスなど）からは、前述した三つの社会層（若者、高学歴者、富裕層）がドイツに数十万人規模で毎年流入する現象が続いている。

図11を見ると一目瞭然だが、1990年の東西ドイツの再統一の後、東欧諸国などから人口の流入が続き、一時は建設需要などの好景気を理由に人口増を維持していたドイツは、1990年代の後半から15年間ほど長きにわたって経済の不調にあえいでいたため、人口増は期待できないでいた。

それが2010年に好景気に転じると、移動と職場、職業選択の自由が与えられたEU加盟国の一員であるドイツでは、南欧州からの力強い人口増を享受するようになった。

それに加えて、2014年後半から現在まで続くシリア、北アフリカを主体とする難民の急激な流入により、都市部では住宅難が叫ばれるほど急激な人口増加に見舞われている。

ここでは、ドイツという国を取り扱ったが、基本的には、移動と職業選択の自由を保障したEUは一つの国のようなものであり、ドイツはEUにおける一地域でしかない。つまり、EUにおいて経済的に最も強いドイツは、日本でいうところの首都圏に該当する。ただし、首都圏のように高齢者が利便性を求めて集まるような現象は見られない。これは、EU市民の高齢者にとって、いくら経済的にも、利便性でもドイツが魅力的でも、言葉や文化の異なる国をまたいで移住しようとまでは考えないからだろう。

もしドイツと同じように（地域の交通を組織し直すことで）生活サービスの向上と地域経済の活性化が実現するなら、このドイツの２０１０年以降の姿に見られるような人口増という果実を日本のある地域でも得られるはずだ。なぜなら、そのほかの大多数の地域が、今後も南欧州を襲った経済の不調のような姿を続けることは確実視されているからだ。

日本とドイツの出生数の違い

もう一つ、ドイツと日本の人口動態での明確な違いを指摘しておきたい。団塊世代、戦後のベビーブーマーという定義についてである。

日本では終戦直後の１９４７〜49年に毎年２５０万人を超える出生者数が記録され、それを団塊の世代、戦後のベビーブーマーと定義している。つまり、経済的に困窮し何もない時代であっても、

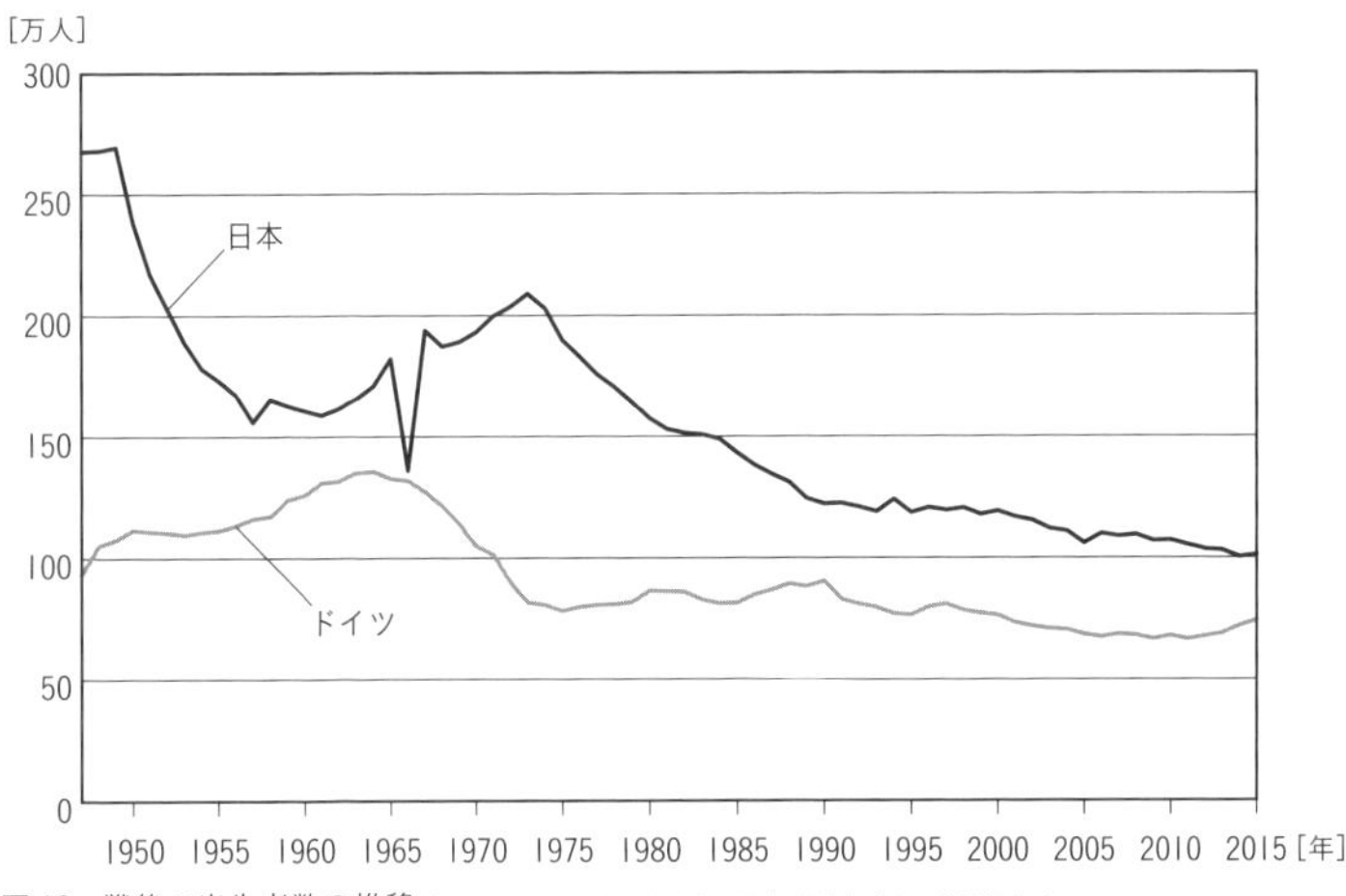

図12　戦後の出生者数の推移（出典：ドイツ連邦統計庁、厚生労働省「人口動態調査」）

戦争から解放された日本では一気に大量に子どもが生まれたわけである。その後、出産ブームの現象はひと段落し、およそ22～25年後、その子どもたちが成人し、適齢期を迎えたことで、団塊ジュニア層という社会層が出現している。

図12を見ると、日本社会における出生者数は年代によってかなりの増減を繰り返しているのがわかる。

一方のドイツでは、同じ終戦直後でも、経済的に厳しいという状況を反映してか、出生者数はそれほど多くなかった。しかし、終戦からすぐにマーシャルプラン（欧州復興計画）によって莫大な投資が欧州の基盤整備に投じられ、すでにドイツでは１９５５年には戦後経済の奇跡的な復興が始まっている。その経済的に豊かになり始めるタイミングではじめて出生者数は増加し、55年から69年までに生まれた世代のことを戦後のベビーブーマーと定義している。

また、この世代の前後であっても、ドイツの人口は日本のそれよりもずっと穏やかな増減を示し、当時日本の女性たちが社会から求められていた適齢期での結婚・出産という人生の選択もドイツでは比較的自由で、ベビーブーマーがジュニアを一気に出産するベビーブーマージュニア層は統計上、ほとんど現れない。

つまり、1973年までに出生者数を減らした以降のドイツでは、低い水準ではあるが安定的な出生者数が維持されている。また、2010年以降の近年は、子どもを産みやすい環境の整備、好景気、そして平均年齢の若い移民者の増加などの理由によって、出生者数は増加している。

したがって、ドイツや欧州の多くの国々においては、日本のような極端な出生者数の増減が見られないため、団塊の世代が一斉に定年退職し年金生活者になる2007年問題、あるいは団塊の世代が車に一斉に乗れなくなり、介護や医療費用が爆発的に増加する2025年問題などの社会的ショックは発生せず、緩やかな少子高齢化による社会問題の拡大という事態を迎えることになる。

強い地域経済をつくるエネルギーと交通

それでは、こうした苦しい状況のなかで、どのような対策をして、どのような果実を得られるとき、地域の明るい未来を描けるのだろうか。

目標となる果実とは、一口でいうと身も蓋もないが、「カネ」であり、「職場」である。どんなに美しい自然景観を持ち、優れた風土、文化や人の営み、郷土愛などがある地域であっても、展望がある職場がなければ若い人はそこに住み、子どもを生み、持続的に家族を養ってゆくことはできない。私は拝金主義者ではまったくないつもりだが、家族に必要最低限かつ十分な衣食住を与え、子どもに希望する教育や環境を与えようと考えるとき、「カネ」や「職場」抜きでは一歩も前に進めないと考えている。

したがって、ここまでに述べた社会状況がすでに現実に迫るとき、ミクロの家庭、そしてマクロの地域を持続可能に維持してゆくためには、経済的な活動をある一定レベルで維持することが前提となる。そのために、地域においてはどのような対策が有効だろうか。

文句なしに、ハードルがもっとも低く、影響力が大きい対策は「エネルギー部門」の改革だ。地域経済をエネルギー部門の対策で活性化する方策については、拙著『キロワットアワー・イズ・マネー』（いしずえ）で述べている。地域内において省エネルギーと再生可能エネルギーに投資し、地域外へのエネルギー購入のための費用の流出を低減させることで、地域で循環するカネを増やし、地域経済を活性化させようというアイデアである。

これは、エネルギーシフトを進めているドイツやデンマークのような欧州各国では、すでに一般的になっている地域の経済対策、景気対策である。このエネルギー部門という、もっともハードルの低い対策さえ始めていない地域では、まずはこの本を参考にしてほしい。

そして、エネルギーの次に地域経済を活性化するために対策を実施すべき分野が、本書で扱う「交通部門」である。その考え方について、順に説明してゆこう。

キロワットアワー・イズ・マネー

エネルギー部門における経済対策のことを、私は「キロワットアワー・イズ・マネー」と名づけている。原理的には、次のような対策のことを示す。

まず、人口規模が1万人の地域を想定してみよう。ここには、おおよそ3500世帯が居住している。日本の平均では、1世帯あたり年間およそ30万円以上の光熱費、つまりエネルギーのために対価を支払っている（電気、灯油、ガス、ガソリン、軽油など）。3500世帯であれば、総額は年間10億円になる。同時に、民生家庭部門だけではなく、民生業務部門（オフィス、店舗、公共施設など）、および産業部門においてもエネルギーは消費されており、その対価は継続して支払われている。民生業務部門と産業部門の消費額は、日本の平均で民生家庭部門の2倍の年間20億円になる。

つまり、この1万人のまちで営まれている生活と経済活動は、毎年30億円のエネルギーを消費することで成り立っている。

それでは、この年間30億円のうち、どれぐらいの割合が地域経済を豊かにしている（＝域内GDPの増加＝経済的な付加価値の創出）のだろうか。

現在のところ、日本におけるエネルギー供給のチェーンは途方もなく長く、化石燃料の産地である中東、ロシア、東南アジア、オーストラリアなどを起点に、総合商社、大手輸入元など東京を経由し、地域の大都市圏に卸され、最終的に地域に届けられている。

つまり、この地域で支払った30億円は、地域経済を豊かにするためではなく、こうしたエネルギー源の産地や各チェーンに豊かさを分配している。それゆえ、石油コンビナートや大型の火力発電所、原子力発電所などを持たない平均的な日本の一地域では、その地域で支払われるエネルギーの対価の6～7割以上が仕入れコストとして流出している。つまり、毎年支払っている30億円のうち、20億円前後は地域を豊かにすることなく、素通りして外に流れているわけだ。

こうした状況に対して、地域の住民や企業が自身の地域内で省エネ対策に投資をしたり（建物の高断熱・高気密化、日射遮蔽の設置、適正な建物設備の更新や改善、家電の更新など）、再生可能エネルギーに投資をするならば、その投資額は地域経済を豊かにし（設計、設備、建設、電気関連の域内の事業者の売り上げ、利益の上昇）、かつその初期投資費用は省エネ効果、再エネ効果で10～20年間で回収できる。

つまり、外に逃げていたカネを先食いして原資とし地域内に投資することで、地域経済を活性化しながら、外に逃げていくカネを減らしていくというスキームである。1万人という小規模な自治体で、毎年20億円分の経済価値のうち、全額でなくてもなんらかの形で地域経済に流入できるなら、そのインパクトは大きい。

キロメートル・イズ・マネー

これとまったく同じ考えが交通部門でも成り立つ。

人口1万人の地域には、3500世帯が居住し、それぞれの世帯でマイカーを平均1・5台所有していると想定しよう。そのマイカーの減価償却費用、維持管理の修理費用、メンテナンス費用、税金、保険、駐車場代、燃料代を合計すると、中型乗用車で毎月5万円程度の支出を必要とする。

つまり、毎年、民生家庭部門だけで〈5万円×12カ月×1.5台×3500世帯＝30億円〉程度の支出が発生しているわけだ。日本の平均的な地域における民生業務部門、産業部門でも、業務用の乗用車とトラックのために、民生家庭部門とほぼ同額の支払いを行っているため、この地域においては、車での移動という利便性を確保するために毎年60億円程度が支払われていることになる。

エネルギーの場合と同様に、車に関連するこの60億円の流れも、供給チェーンが長かったり、税金や保険などその支払先が地域内になかったりすることから、地域に全額カネが落ちることはない。自動車製造関連の工場や保険事業などは、首都圏などのある特定の地域の域内GDPを大きくしているにすぎないし、燃料のエネルギーや自動車部品を構成する原料なども海外の産出国に依存している。

つまり、その地域に自動車部品のサプライヤーなどの製造業や保険事業の支店・本店などが存在しなければ、この60億円の少なくとも半額程度は地域経済を素通りして流出してしまい、域内GDPを大きくすることには貢献しない。

したがって、域内の居住形態を集住化させて、徒歩で用事が済むような移動距離の短いまちをつくったり、自転車交通や公共交通に投資をして、自動車交通の依存度を低下させたり、地域外から購入するマイカーに依存せずに、カーシェアリングやウーバーX（6章参照）、タクシー、市民バスなどの交通サービスで移動の利便性を提供できるなら、この60億円の支払先が変化し、域内で流通するカネを増やせるため、地域経済は活性化されるはずだ。

このような考えで、地域内の交通を組織してゆくことを、私は「キロメートル・イズ・マネー」と名づけている。

ただし、交通の取り組みは、エネルギーの取り組みよりもハードルが高い。

たとえば、今日本で行われている「地方創生」の取り組みでは、観光地の魅力を上昇させ、観光による売り上げを上昇させたり、地域の農業生産物を加工し高付加価値化して、東京などの市場で売りだすといった試みが散見される。そこでは、①優れた商品開発、②マーケティングと市場開発、③価格設定と流通・販売の三つのポイントを一定レベルでクリアすることが求められる。

それらのポイントをエネルギー部門の取り組みに当てはめると、①商品開発が必要なく（エネルギー商品の出口はすでに決まっている）、②マーケティングや市場開拓などを必要とせず（自身の地域内で継続的に、一定の需要が常に存在する）、③価格は世界的、全国的な指標に従えばよい（安価な価格競争を必要としない）、という究極的にハードルが低い取り組みなのである。

しかし、交通部門の対策となると、域外に流出しているカネはすでに大きな規模で存在しているものの、既存のマイカー交通よりも、地域内にカネを落とせる新しい代替交通が、利便性、快適性、経済性などの面で上回ることがなければ普及しない。とはいえ、地域の農業生産物を高付加価値化して、大きな市場に「継続的」に輸出するというような途方もなくハードルの高い、リスキーな事業よりは、金額規模で大きく、対策自体の難易度は低いはずだ。

このあたりの対策の難易度については、各地域における状況次第で違いがあるので、本書の後半部で紹介する欧州の事例を参考にする際には、どのように活用できるかよく考えるべきだ。事例をそのままコピーしても、エネルギーの場合と違って、交通の場合は機能しない。

2 章

地域経済を活性化する交通とは

交通まちづくりの社会的ジレンマ

環境問題や社会問題においては、①もしある地域に居住する市民や行政、企業の全員がIという選択肢を選択するならば、その全員にとって利益の最大化が成し遂げられるはずなのに、②全員がまだIを選択していないときに、1人だけがIという選択肢を実行すると、その個人は不利益を負うため、③結果的に全員がIという選択肢を選択することは永久にない、というゲーム理論（囚人のジレンマ）が成り立つ。とりわけ交通については、それが顕著なので、そのしくみを説明しよう。

たとえば、あるまちでAからBというルートで移動する幹線道路があったと仮定しよう。この道路は、比較的多くの住民が居住しているエリアと、行政、教育、社会福祉、買い物などの生活インフラのあるエリアとを結ぶ、地域にとっては重要なルートである。

現在は、この移動のほぼ100％がマイカーなど車交通で成り立っている。このまちでは、核家族化と少子高齢化、そして後期高齢者の1人世帯化がかなり進んでおり、あと10年もしない間に、マイカー交通を手配できない人が多数発生し、買い物難民・医療難民と呼ばれる事態が発生することに脅かされている。

このまちでは、AからBというルートにバスなど公共交通を走らせることが、そうした問題を解決するアイデアとして出された。AからBを毎日頻繁に移動する人の数を調べてみると、その数の半分以上がバスに乗車すれば、密な運行間隔で、マイカー移動と比較しても安価な運賃で公共交通を提供できることが確認された。

つまり、もしバスを走らせるという選択肢に対して、AからBを移動する人の過半数がこれを選択するなら、このまちの全員に利益となるケースだ。

しかし、AからBのルートだけに限定してバスを走らせたとしても、そのほかのルートの移動にはマイカーを必要とするため、マイカー所有者の多くは、わざわざ運賃を別に支払ってまで、このバスを利用しない。試験的にバスを走らせてみても、一部の高齢者や生徒などが利用するのみにとどまっていた。

実際にこのバスを走らせたら、乗客数が不足し、運賃収入も低水準で、車両や運転手などにかかる経費を賄えず、赤字経営になることが確実視されている。当然、そのような状況では、充実した運行間隔などは実現するはずもなく、運賃水準も割高であるため、乗客にとって魅力的ではない。もちろん、マイカー交通を利用できる市民にとっては、不便で割高なバスを利用するインセンティブはまったく働かない。

このバスの運行のために、初期には多少の助成金を投入できたとしても、財政的に余裕のないこの自治体では、今後10年間継続して多額の助成金を準備することは叶わない。したがって、結果的に、このAからBというルートのバス路線は実現しなかった。

このような話は、日本各地でよく耳にするのではないだろうか。こうした状況は「社会的ジレンマ」とも呼ばれている。

マイカーの便益に勝る選択肢はあるのか？

このような社会的ジレンマを突き崩し、最終的に大多数に利益がもたらされるIという選択肢を全員が選択する可能性、方法はあるのだろうか？

もちろん、それは可能であり、そのための方法とは、「現在の市場原理などの自然な社会ルールを決壊させる」ことに尽きる。たとえば、その地域でマイカー利用者のガソリンに５００％の税金を追加でかければ、バスをほぼ無料に近い安価な運賃水準で走らせる財源も捻出でき、マイカー利用者を大幅に減らすことができる。結果的には、５００％の税金を支払う人の数は減り、バスを安価に利用する人ばかりになるだろう。あるいは、この幹線道路に料金ゲートを設けて、マイカー利用者にはバスの運賃以上に高額な通行料金を請求することでも、この社会的ジレンマは消滅する。

あるいは、「カネ」という手段ではなく、「時間」という縛りをかけることもできる。バスは15分ごとに専用バスレーンで渋滞なく、運行するようにする。同時に、信号とバス運行を連動させて、バスは停留所以外では一切停止することがないような運営にしても良い。そして、バス以外の一般の自動車はこのルートを（道路工事の際に車線が減少するときによくある）片側交互でしか走行できないようにしてしまえばよい。AからBへのマイカーでの到達時間は、これまでの3倍以上になるだろう。バスと比較して、マイカー交通の移動速度が3〜10倍以上遅くなるなら、自動的に皆がバスを利用するようになる（あるいは徒歩や自転車交通も活性化されるはずだ）。

私がいっていることは乱暴な方策であろうか？

しかし現在、マイカー交通によって汚染される環境被害のコストは、ほとんどガソリン代に乗せられることはない。いくつかの研究によれば、すべての悪影響（大気汚染、水質汚濁、気候変動、騒音、住環境や生物多様性の低下など）を補償するコストをガソリン価格に内部化、つまり上乗せするなら、ガソリン1リットルの価格は500〜1000円以上であるべきだという試算結果もある。また、そうした金銭的な価値を、道路建設を判断する際の費用対便益計算（B／C計算）のように時間に換算するなら、本来は10分で移動できる距離の時間を3〜5倍にすることも正当化できるだろう。

このようにマイカーのみで組織する交通が地域において問題だと認識されるなら、その対象である マイカーそのものの利便性、経済性を大幅に下げることなく、別の対象であるバス交通の利便性、経済性をマイカー並みに引き上げることは、自治体の多少の財源などでは不可能だ。まずはマイカー交通の便益をどの程度まで落とすのか、この検討から始めなければならない。

世界的に著名なオルタナティブ交通の提唱者であるオーストリア・ウィーン工科大学のヘルマン・クノーフラハー教授は、彼の著書『*Stehzeuge*（不動車）』（Bohlau）で、世界中の都市における公共交通の充実度（路線延長と運行間隔および利用者数）は、その都市の渋滞程度（渋滞延長・頻度）と正の相関関係があることを指摘している。

東京であっても、渋滞や駐車場の問題がなく、もしマイカーの方が鉄道よりもスムーズに経済的に運行できるなら、誰も鉄道を利用しない。裏を返せば、マイカーではかなりの時間、カネもかかることをすでに首都圏在住者のほとんどが承知しているからこそ、大多数の首都圏在住者は、通勤にマイカーを使わず、公共交通を利用している。

基本的なスタンスとして、マイカーの利便性、経済性、快適性に打ち勝つそのほかの手段が現在のルールでは存在しないからこそ、市場原理に則った自然な形でバス交通は通せない、便利にできない、将来もできない。これを前提にしないと、交通分野では新しい対策など行えない。つまり、日本のある地域が、交通分野の変革で地域経済における果実を得たいと願うならば、マイカーの利便性、経済性を損なうような対策をしないことには、そもそも話が始まらないわけだ。

本書の後半で紹介する事例では、とりわけ新しい交通手段や交通サービスの便益（利便性、快適性、経済性の向上）を記しているが、その便益が既存のマイカー交通の便益をそっくりそのまま上回ることはない。それを最初から理解しておくべきである。

マイカーよりも他の交通手段を選択すべき理由

それではなぜ、現状の市場原理に則った自然な社会ルールの上でもっとも優れているからこそ市民に選択されているマイカー交通の利便性、快適性、経済性を、わざわざ棄損してまで、新しい交通手段を推進しなければならないのだろうか。その理由が地域において理解され、新しい交通手段の推進が社会正義とならなければ、結局のところ、新しい交通手段は普及しない。

まず一つ目の理由は、1章で述べてきたように、人口減少、少子高齢化、核家族化によって、すべての市民がマイカーを利用するという前提が成り立たなくなってゆくからだ。マイカーなしでもすべての社会層の人びとに移動の自由を確保することは、社会における大義である。

そして二つ目の理由は、マイカー交通に全面的に依存している今の状況では、その地域に経済的な価値が舞い込むことはあまりなく、多額のカネが地域から流出してしまっているからだ。消滅に脅かされるようなジリ貧の地域において、他の交通手段を推進することで域内GDPを増加させたり、雇用場所を創出したりすることは、社会正義であるはずだ。

この二つの理由が、マイカーを便利に、安価に利用したいという市民の選択の自由を上回ると考える地域であれば、マイカーの利便性、経済性をある一定程度に落とすことはできる。

自動車産業の利益は地元に落ちない

ここで、先の二つ目の理由について、つまりカネの分配についてもう少し詳しく説明してみよう。

愛知県豊田市およびその周辺を訪れると、道路を走る車は断然トヨタ社製が多いことに気づく。これは、トヨタ系列の企業や関連会社で働く人がこの地域に集中していて、彼らが自然に車種を選択した結果によるものだろう。彼らのこの選択が、間接的には地域経済を潤したり、自身の働く会社を潤す、ということは直感的に誰でもわかる。

しかし逆に、トヨタ系列の企業がまったく立地していない地域において、トヨタ社製の車を購入しても、間接的に地域経済や自分の勤める会社が潤ったりすることはほとんどないはずだが、そのことを意識して車種を選択している人はほぼいない。

ここで、前述した「キロメートル・イズ・マネー」の話をしてみよう。

たとえば、ある地域に人口が1万人いると仮定する。通常、日本の乗用車の登録台数は1000人あたり500〜550台という統計データが使われるが、これは首都圏、三大都市圏を含めた全国の平均値なので、地方で人口が数万〜数十万人という都市では600〜800台程度、農村部で1万人を下回るような地域では700〜850台にもなる。

つまり、1万人程度の地域ならば、乗用車の登録台数は8000台近く存在する。車を所有し、利用するためには、減価償却費（初期投資から下取り価格を引いたものを利用年数で割ったもの）、修理・補修・維持管理費、駐車場代、保険代、税金、燃料代などさまざまなコストが発生するが、それらのコストを合算すると一般的な中型車で毎月5万円程度、小型車や軽自動車で2〜3万円程度になる。

したがって、この地域では、市民がマイカーを維持して市内の1万人の足として機能するために、少なくとも毎月2・5億円程度が支出されている。これは年間およそ30億円になるが、その金額は、地域の自動車販売店、中古車店、修理・メンテナンス・サービス店、保険業、ガソリンスタンド、自動車アクセサリー・部品販売店、駐車場経営などの従事者を潤わせている。

しかし、その大部分の売り上げは、自動車というモノと燃料というエネルギーを購入するために他都市や海外に流れてしまっており、一部は保険という商品によって首都圏に流れている。

つまり、30億円の大半は地域内で活用されず、雇用を増やしたり、自動車産業からの波及効果で第三次産業を潤わせたりしていない。マイカー交通が主流の場合、年間30億円の売り上げ規模では、地域の民生家庭向けの交通部門でせいぜい１００人程度の雇用を確保することで精一杯だろう。

交通をサービス業化すると雇用者数は増加する

たとえば、人口１万人程度のまちで、マイカー利用とまったく同じ距離・回数の移動を、マイカーではなく、交通サービスとして提供する場合、公共交通が主要な交通ルートに密な間隔で効率良く運行し、それを補填するために２００台程度のタクシー（地域内の移動）と１００台程度のレンタカーとカーシェアリング（地域外への移動）があれば、市民の移動のニーズは完全に賄えるはずだ。

これを実現するには、おそらくマイカーを利用しているケースの年間約30億円と同じ金額の売り上げは必要になるだろう。つまり、市民が支出しなければならない総額は変わることがない。

ただし、同じように年間30億円を支出したマイカーの場合と比較して、地域において発生する雇用者数には大きな違いが出るはずだ。公共交通とタクシー、レンタカーがどのように組織されるのか、その割合次第になるが、最大２００～２５０人程度の雇用を生みだすことは可能であるはずだ。１万人という小さな地域において、雇用者数が１００人分増加することのインパクトは当然のことながら非常に大きい。

自動車産業における経済的な付加価値の創出や一連の産業クラスターにおける雇用の創出は、日本やドイツなどの工業国の経済にとっては非常に割合が大きいため、国としてなくてはならないものとして国民に理解されている。

しかし、その雇用の発生地や経済的な付加価値の創出が行われる場所は、日本全国に平均的に、面状に行き届いているわけではなく、一部の工業都市や大都市圏に集中しており、製造業などの産業のない地方にとってはほとんど直接的な利益は受けることはない。

これは、地方交付税（普通交付税）の不交付団体を観察すれば、その意味がよくわかる。抜群の集金機能でカネが集積する首都圏を除くと、不交付団体は、大型の発電所関連施設（エネルギー）、工場などの産業施設（自動車が主体）、空港・港湾施設（交通）のみである。つまり、これらの地域は、全国からうまく集金することによって、経済的な付加価値の創出を独占しているともいい換えられる。

もちろん経済学の世界では、人為的に線を引いた地域という括りで、経済活動や分配を考えること自体がナンセンスであり、基本的には経済とは、取引をすればするほど、その取引に参加しているすべての者に恩恵があることが謳われている。そして、経済を牽引してくれる地域があるからこそ、人口少数地域においても地方交付税が降ってきたり、日本全国で一定レベルの生活を享受できたりしている。日本が先進工業国として豊かになったのは、まさに加工貿易といわれる輸出入を含めた取引を行い、国内での付加価値を創造することに成功したからだ。

もし、日本全国のすべての地域が、交通をマイカーではなく、サービス業として提供するようになったとき、国全体のＧＤＰが増大するとか、景気が良くなる、といった妄想をしているわけではない。単に、消滅に脅かされているような地域のごく一部が、他の地域で実施していないことを先んじて実行することで、その地域にとって多少の利益が得られたり、雇用先が生まれ、それが人口流出を食い止め、他地域からの人口流入のきっかけの一つになる、と述べているだけだ。

未利用のものを使うことによる経済効果

また、もう一つの経済学のルールである、これまで利用されていなかったものを経済的に利用するようになったときはじめて、総体として経済的な付加価値の創出量は増大するという点については、エネルギーの分野では明確である。

国土の全地域に存在するにもかかわらず利用されてこなかった風や日光を採取して、付加価値があるものとして活用するのが再生可能エネルギーであり、地域で排熱として放出され続けていた非効率なエネルギー利用を、効率的なものに置き換え、排熱量を削減するのが省エネであるので、これらの対策をすれば、必ず国全体のＧＤＰの増大につながる。

しかし、交通の分野ではこれまでのやり方から新しいオルタナティブなやり方に組織し直すことで、総体としてＧＤＰが増大するのかはわからない。利用していないどの資源をどのように活用しながら交通を組織してゆくのか、エネルギーのケースのように単純には普遍化できないからだ。

日本の「コンパクトシティ」とドイツの「ショートウェイシティ」

日本の地方都市で中心市街地の衰退と商店街のシャッター通りが目立つようになった１９９０年代からは、無秩序なスプロール化を抑制し、コンパクト化する都市計画の方向性が、「コンパクトシティ」と銘打たれ、その取り組みが富山市や青森市のような先進自治体から始まっている。また、「国土のグランドデザイン」においては、地域のコンパクト化とネットワーク化を図ることで、人口半減の自治体でも中心市街地のみは生き残る可能性があるとしている。

そして近年では、国土交通省の方針として、都市再生特別措置法の改正が２０１４年に行われたのと同時に、「立地適正化計画」なるものが定義され、これを「コンパクトシティ・プラス・ネットワーク」として推進することとなった。現在、この立地適正化計画の策定に向け、居住地の線引きを行い、コンパクト化を図ることを検討している自治体は２７６団体にのぼる（２０１６年４月現在）。

日本のコンパクトシティ――線引きするだけでは進まない

日本の「コンパクトシティ」という概念を一言でまとめると、「人口動態に見合った形での居住地の線引き」と「中心市街地への箱ものによる人の流れの誘導」、そして居住地と中心市街地、あるいは中心市街地と近隣を「公共交通などでつなぐ」取り組みだといえる。

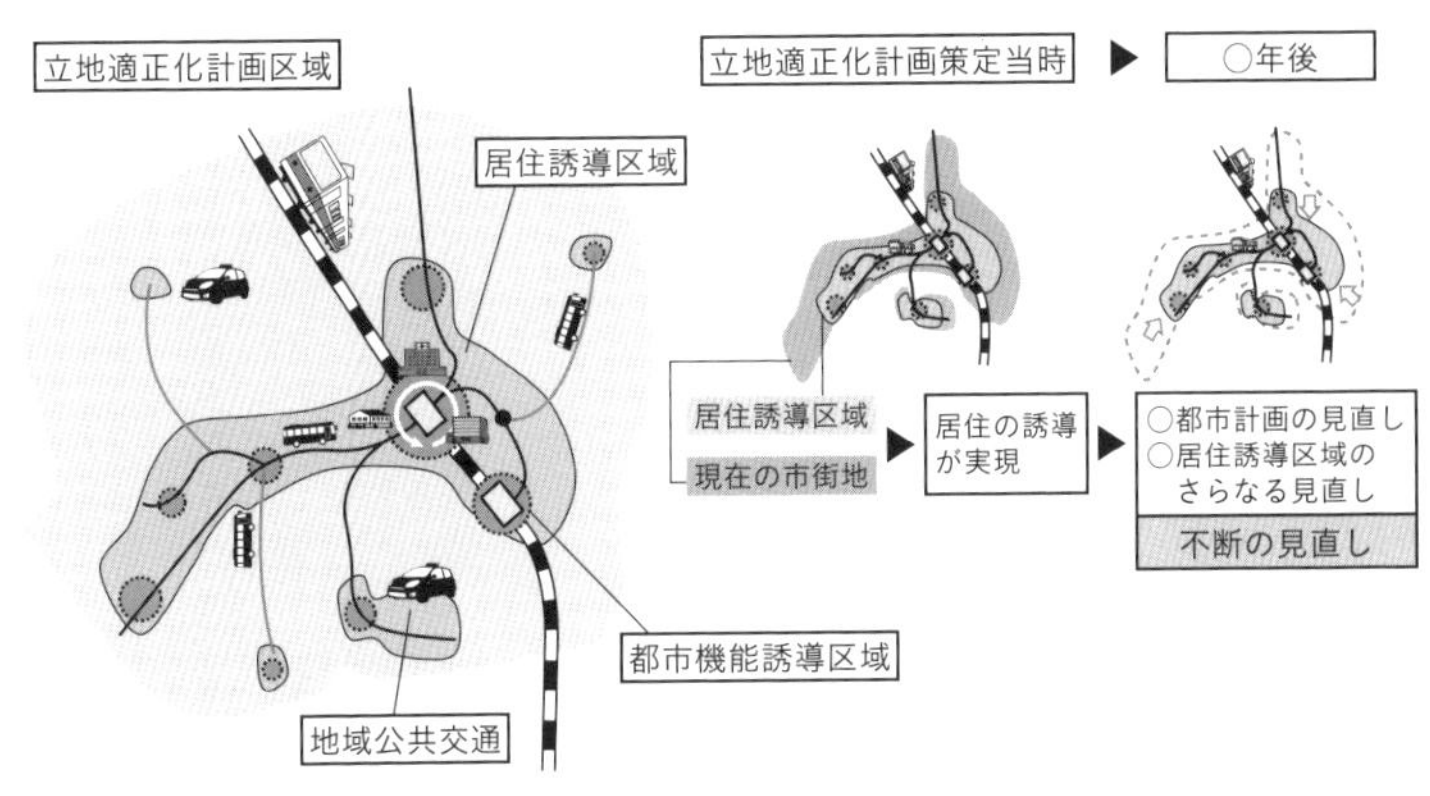

図1　立地適正化計画の概念図
（出典：国土交通省「みんなですすめるコンパクトなまちづくり」2014年8月より作成）

立地適正化計画についてさらに説明すると、無秩序に拡大し、空き家が増え、核家族化で密度が薄まってしまった市街地や居住地を、現在や将来の人口動態に見合った形に線引きして、この範囲内を居住誘導区域とする一方で、行政、買い物、教育、医療、社会福祉などの都市機能をいくつかの場所に集中させ維持してゆく場所を都市機能誘導区域と定め、数十年後にはコンパクトなまちが実現できるように、今からそれぞれのエリアに区分する（線を引く）取り組みを指す（図1）。

ここでは以下のような問題点が上げられる。

線を引くのは良いことだが、その線の引かれたところから道1本挟んだ外にもすでに居住している人が大勢おり、彼らが土地を取得したり、自宅や商店を建設したり、購入したりする時点では、このような線引きが将来なされるという説明を受けていない。したがって、いくら「居住誘導区域」と線を引いても、その線から外の地域に対して今すぐには行政サービスなどをおろそかにすることはできない。その線引きをしたところで、すぐになんらかのポジティブな効果（行政効率の上昇、人口密度の上昇による都市機能インフラの充実など）が現れるわけではないのだ。

つまり、この取り組みは、たとえば30年後といった将来には、厳しく線を引いたことによってポジティブな効果が現れる（というよりも、ネガティブな問題群に脅かされるリスクを減少させる）ことはわかっていても、現在、厳しい線を引くこと自体、その線の外に暮らす住民にとっては切り捨てのようにしか受け止めてもらえない可能性が高く、批判も噴出する。

したがって、厳しい線を引くことに対して首長や行政は及び腰になるという宿命を背負っている。それゆえ、全国200カ所以上で行われている適正化計画策定のいくつかをヒアリングしてみると、まったく危機感が感じられないような「緩い線引き」にならざるをえないところが大半だ。

日本のコンパクトシティでは人口動態の衰退状況・予測に対して、これまで放置したことから無秩序に拡大してしまったまちをどのように「面」で適合させるかに重きが置かれているようだ。

そこでは、そのまちを構成する建物やインフラ群がどのような形態をとるべきなのかという規制やイメージは弱く、線を引いてからは（一部は助成措置や容積率の割り増しなどはするものの）市場任せでまちづくりが進められる。自治体が関与するのは、ごく一部の公共住宅などの住宅供給を除くと、取り組みのメインは、撤退したデパートを半官半民で再利用したり、図書館を民間事業者の売り場と融合させたコミュニティセンター化するようなものだったりする。こうした取り組みは、ドイツとある意味、対照的である。

ドイツのショートウェイシティ――移動距離の短いまち

ドイツにはそもそも「コンパクトシティ」に該当するような言葉は存在しない。似たような概念の言葉としては、真逆の意味を示す「緑の牧草地帯に（auf der grünen Wiese）商業施設を建設する、住宅地を拡大する」など、入植地面積の拡大やスプロール化を忌み嫌う都市計画における用語があるだけだ。

しかし、その取り組みの結果を抽象化すれば、「コンパクトシティ」と同じようなものになるだろうという定義であれば、「ショートウェイシティ（Stadt der kurzen Wege：移動距離の短いまち）」という言葉がある（3章参照）。

図2の1の図では、2軒の戸建て住宅が100メートル離れて立地している。どちらの住宅にも1世帯ずつしか入居していないため、100メートルの距離があっても移動の可能性は1回であると、都市計画上は見なされる（100メートル／回）。

一方、2の図の場合、同じ100メートルの距離に立地していても、6階建ての集合住宅にそれぞれ6世帯ずつが居住しているため、移動の可能性は6世帯×6世帯＝36回になる（2・8メートル／回）。戸建て住宅が集合住宅に変わるだけで、移動の可能性1回あたりの距離が100メートルから、2・8メートルに大幅に短縮された。

あるいは、延べ床面積あたりの移動距離を見てみると、1の図の戸建て住宅がそれぞれ30坪ずつであったなら1・7メートル／坪、2の図の6世帯の集合住宅がそれぞれ20坪ずつで構成されてい

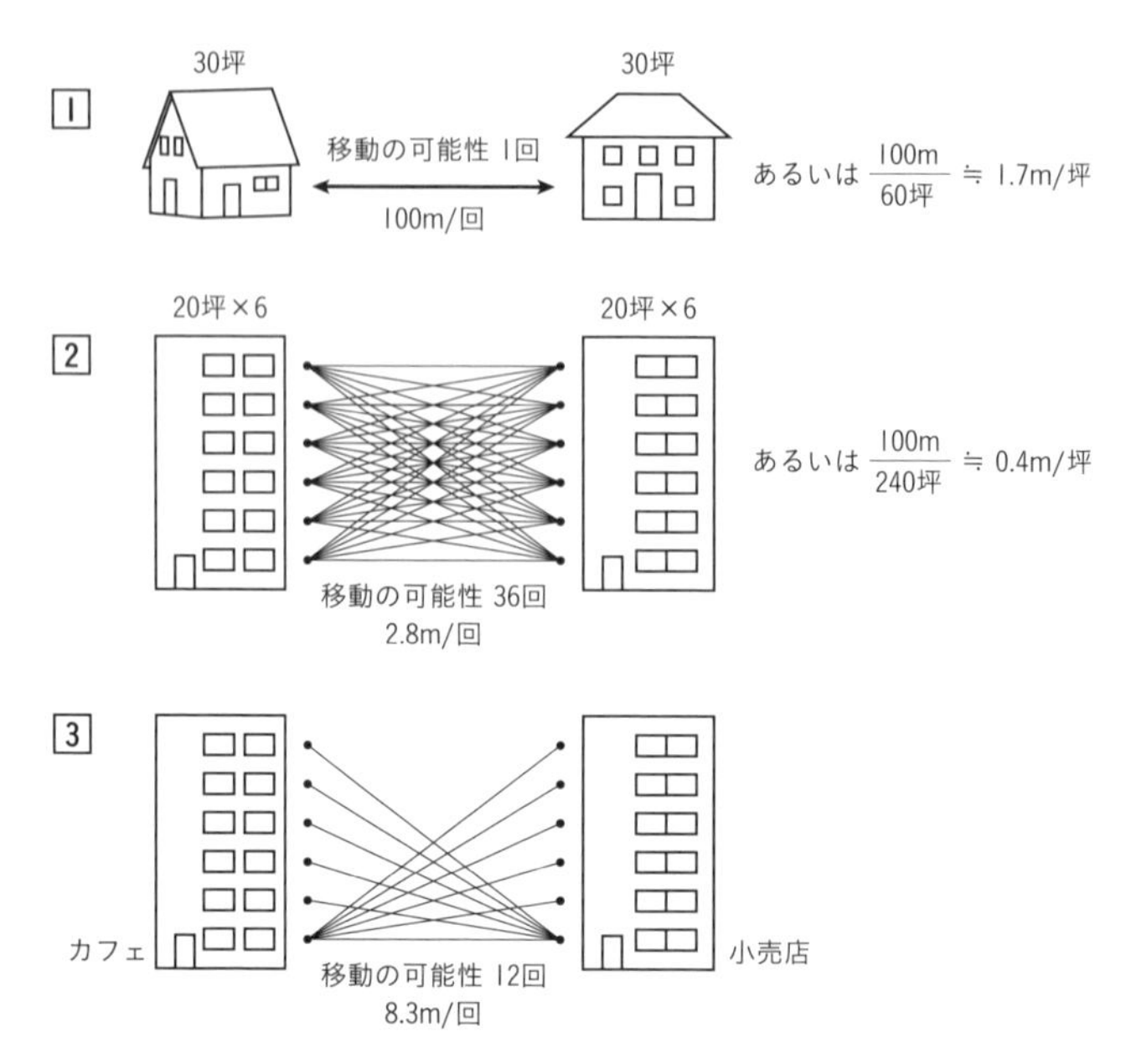

図2　ショートウェイシティの概念図（出典：テュービンゲン市の取り組みのイメージを筆者作成）

たなら0・4メートル／坪となる。

つまり、戸建て住宅がメインで構成される日本の地方都市に比べ、集合住宅がメインで構成されるドイツの地方都市では、移動の可能性1回あたり、あるいは延べ床面積あたりの移動距離は驚くほど縮小され、移動距離の短いまちができあがるのである。

もちろん、戸建て住宅の居住者同士や、集合住宅の居住者同士が本当に行き交う（移動する）かどうかは、都市計画では決めることができない。普通に考えると、集合住宅をメインに据えたからといって、近所の交流が盛んになるわけではなく、逆に疎遠になる可能性もあると反論できるだろう。

したがって3の図のように、都市計

画上で実現可能な手段を活用して、この移動の確率を飛躍的に高めようと努力することになる。つまり、行政の都市計画局は、都市計画制度や条例、土地売買の契約書などを盾にとって、その集合住宅所有者に対して、地上階部分を住居ではなく、商店、オフィスなどの非住居スペースに限定するわけだ。それならば、居住者同士が交流するよりもかなり高い確率で、6＋6＝12回の移動の可能性が出現する（100m ÷ 12回＝8.3m/回）。

つまり、ドイツでショートウェイシティを実現するには、単に線引きするだけではなく（ドイツでは厳しい線引きのない開発はそもそも存在しない）、居住地内に日用品や日常サービスを提供するような非住居スペースを織り込み、近距離移動の可能性を飛躍的に向上させる対策が必須となる。

これは市場原理に任せて放置していると実現しない。なぜなら、一部の幹線道路沿いや三大都市圏の中心部などのように、オフィスや商業用の床面積の価値が住居よりも上回るような場所は、ドイツでも、日本でもかなり限定的である。それ以外のほとんどの地域では、建物の投資効率を最大限に高めようとすれば、地上階部分も住居として販売・賃貸することが理性的な判断になる。それゆえ市場原理に任せたままでは、非住居スペースがつくられることはない。

つまり、行政は都市計画制度などを盾にとって義務的にこうした非住居スペースを居住地区に織り込むムチの政策か、そうした取り組みには容積率を緩和する、助成措置を与えるなどのアメの政策のどちらか、あるいは両方を駆使しなければ、ショートウェイシティは実現されない。

こうした建物をどのように構成してまちの機能の密度を充実させてゆくかという考え方は、欧州では都市計画のイロハである。１９８０年代以降、郊外の戸建て住宅の推進に伴うスプロール化、そしてベッドタウン化による都市機能の阻害という歴史的な反省を乗り超えた現在では、イの一番に都市計画家が考慮すべきポイントとなっている。それにもかかわらず、このような思考方法で都市計画を策定している国や自治体の話は日本からは聞こえてこない。

オルタナティブな交通を読み解くキーワード

本節では、オルタナティブな交通に関係する用語について説明を加えたい。

動産と不動産

ラテン語の「mobilitas」は移動・変化を意味する。その反対語である「im-mobilis」は不動・固定を意味する。そこから派生した言葉に、英語であれば「mobility ＝モビリティ、移動性、移動」「mobile ＝モバイル、移動性の、可能性の、携帯電話」「mobilization ＝動産化」などがある。反対語も同様に、「immobility ＝不動性、固定」「immobilize ＝不動にする」「immovable ＝不動産、固定資産」などがある。

人類は古くから対象物を、家財道具など移動させることのできるものと、土地・建物という移動させることのできないものとに分けて考えていたようだ。それが時代の流れとともに細分化されてきたが、現在の税制や法制度、社会制度にも、この二つは分けられた形で組み込まれている。

移動と交通

さて、少し自己流に解釈しているドイツ語圏でのオルタナティブな交通工学における定義の話をしたい。日本や世界各地の既存の交通工学では、一般に「交通」とは「人や物の移動」と定義されている。一方、ドイツ語圏の新しい交通工学の世界では、移動する総体のことを「モビリティ」と呼ぶ。この移動の総体を指す言葉「モビリティ」は回数で数えられる概念だ。それに対して交通・輸送を表す「トラフィック」は、一般には移動のことも含んだ概念だが、専門的にそれは回数で数えるものではなく、距離で測られる概念のことを示している。

例を挙げよう。中心市街地の職場から20キロメートルの郊外に住んでいるA氏がいるとしよう。彼は平日の朝晩に、一度ずつ、つまり1日最低2回は通勤で移動する。また、同時に彼の移動した距離は1日往復40キロメートルになる。このとき、移動=モビリティは2回発生し、交通=トラフィックは40キロメートル発生したことになる。

何がいいたいのかというと、現在の社会においては、「モビリティの頻度を抑制することはあってはならない」というのが正義であるということだ。人間やモノの「モビリティ=移動、輸送」は、民主主義のいわゆる「自由」と「人権」という概念と直結しており、これを妨げることは国家権力で強力に排除することが、ドイツの基本法などでは謳われている。「自由な移動権」の保障である。

しかし、「トラフィック＝交通」は抑制するべきだという考え方が、ドイツでは1980年代から盛んに議論されてきた。時代や地域によってその強弱はさまざまであるが、日本をはじめ他国でも状況は同じだろう。これは、マイカー、飛行機などの利用による大気汚染など地球環境の問題や、化石燃料の消費というエネルギー問題、そして騒音や渋滞、交通事故など、生活に負荷を与える社会問題として議論されてきた。

先ほどの事例で登場したA氏が引っ越しをして中心市街地に住むことになったとしよう。モビリティは2回のままであるが、トラフィックを1日4キロメートルへと10分の1に低下させることができた。いわゆる職住近接と呼ばれるものだが、このことによって、彼は自由という権利を一切阻害されることなく、社会的な負担を10分の1に削減することが可能になるわけだ。

移動手段の選択と社会の負担

ここでさらにもう一つ、「移動手段」という概念が登場する。これまでA氏は、40キロメートルをマイカーで通勤していた。しかし、引っ越し後、A氏は自転車で通勤するようになった。A氏の通勤は、モビリティは2回のまま、トラフィックは10分の1の4キロメートルに減り、移動手段が自転車に変わったことから、社会的な負担という側面では10分の1以上の劇的な削減を実現している。

移動手段の変化によって、彼は自身の健康の改善を手に入れると同時に、渋滞、大気汚染、化石エネルギー消費などといった社会的な負担の程度を下げ、さらには「人との交流（交通の速度を低下したことによる道路上におけるコミュニケーション機能の増大）」「個人の懐というミクロな経済」から、「地域やグローバルなマクロ経済」まで変化させている。

たとえば、A氏が引っ越しをせずに、マイカー通勤から公共交通や自転車に乗り換えたりすることも不可能ではないだろう。しかし、地方都市では公共交通は使いにくく、便利でもない。通勤に必要とされる時間は増大し、時間的な融通も利かず、運賃も割高だ。かといって、毎日40キロメートルの距離を自転車で通勤することも、高校生には可能かもしれないが、A氏を含む大多数の通勤者には続けられるものではない。

つまり、環境保護家が叫ぶような「社会的な負の影響の削減」を目的としたやり方では、社会に普及しない。移動手段の変更は、移動距離（トラフィック）の変更が成し遂げられて、はじめて自然に行われる。つまり、市民の住まい方、働き方、市民サービスの提供などを含む「まち」そのものを変革する必要がある。

移動と不動産の関係

図3は、ドイツ・ボンにあるｉｎｆａｓ応用社会科学研究所が、連邦交通省（２０１3年の省庁再編で交通部門の省名が変わったが、本書ではすべて連邦交通省と統一して表記する）の依頼で、「国家自転車交通発展計画２０２０」の審議のために調査、作成したグラフである。２００８年の段階で、都市も農村部も含むドイツ人全体の平均的な移動において、どのような移動距離に応じてどの移動手段が選

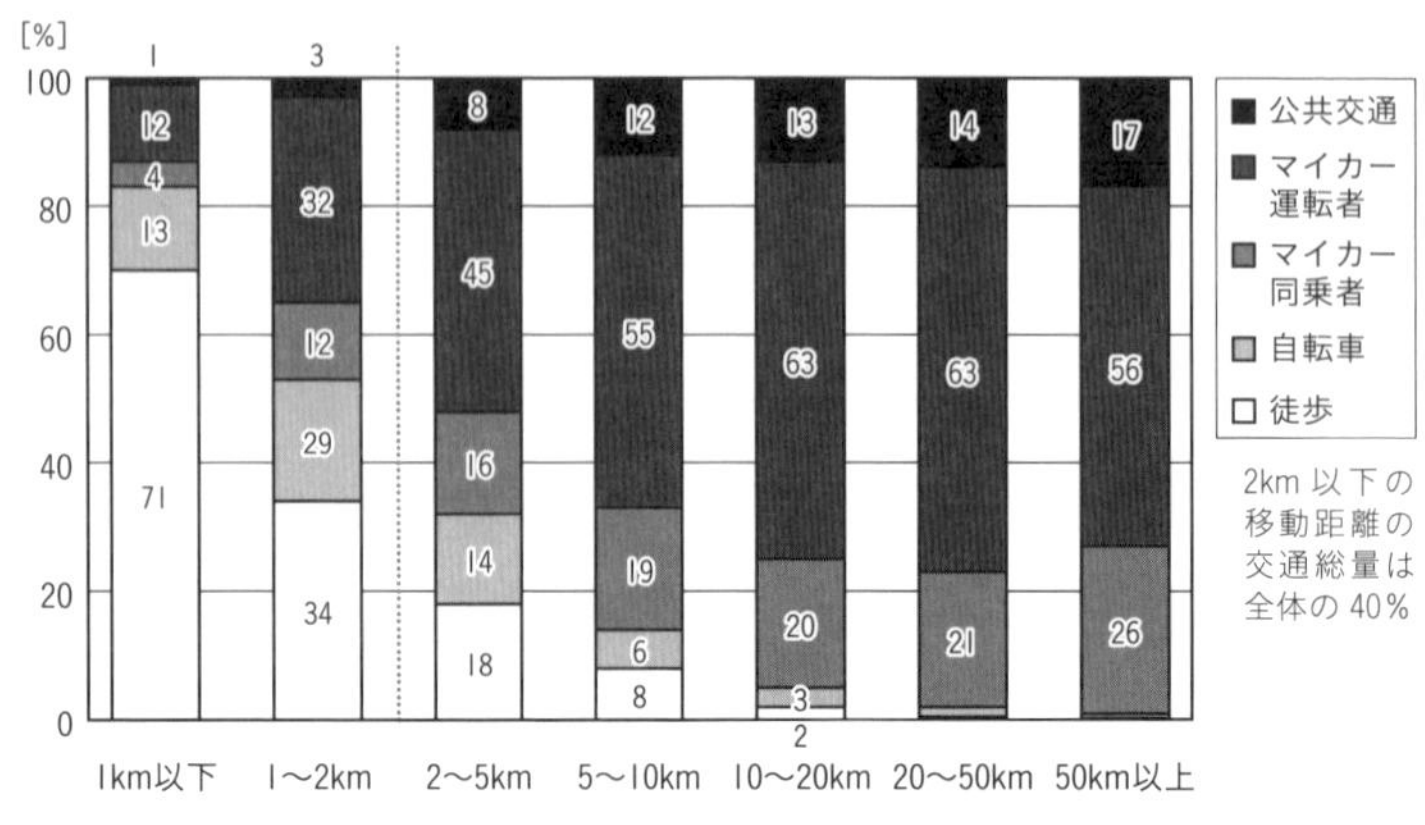

図3　移動距離ごとにドイツ人が選択している移動手段の割合
（出典：infas Institut für angewandte Sozialwissenschaft GmbH, *Mobilität in Deutschland — Fahrradnutzung, Impulsvortrag Expertenworkshop BMVBS*, 2011）

択されているのかを表している。

　このグラフを見て明快なのは、移動距離を変化させると、移動手段は劇的に変化するという当たり前の事実である。「マイカー交通への依存は、地域にとって問題となるから、負担の小さな交通手段に乗り換えるべきだ」と主張するだけでは、何の変化も起きないことがわかる。

　つまり、①居住エリアのルールを変化させ、集合住宅主体で高密度化し、エリア内に移動の目的地が新たにつくられるようにして、移動の距離を縮めるのか、②居住エリアのルールはそのままで、なんらかの自然ではない無理矢理な対策で（たとえば助成措置、第三セクターなど公金を用いた中心市街地活性化対策など）、移動の目的地を居住エリアに近づけるのか、どちらかの対策をしなければならない。

　しかし、居住エリアが低密度化しているから、近隣に存在していた移動の目的地が消滅したり、幹線道路上など遠方に移転した経緯があるので、②を選択しても同じ現象が繰り返されるだけで、結局のところ①しか選択肢はない。

日本のコンパクトシティが抱える最大の問題点は、従来の戸建て住宅、持ち家を主体とした居住形態を継続させることが（核家族化と人口減少で）不可能になったこと、だから別の住まい方（集合住宅で賃貸）を主体にする必要があることを、市民に対してはっきりといわないことだ。

交通対策で社会に変化を起こすことを目指すのであれば、「路面電車やバスを通そう！」などと移動（mobilitas）に注目する前に、不動産（im-mobilis）をどのように構成してゆくのかをまず考えなければならない。不動産からの視点が、移動と移動手段を決定づける。ドイツのショートウェイシティでは、まさにその不動産をどのように構成するかを第一に考慮している。日本式のコンパクトシティでは、線引きと移動については配慮されているものの、不動産に対する配慮は限定的である。

インターモーダルとマルチモーダル

最後にもう一つ、交通工学の用語について解説したい。

一つの移動の際に異なる移動手段を乗り継ぐ移動のことを、「インターモーダル（交通・輸送）」と呼んでいる。たとえば、自宅から自転車で近隣の駅へ、駅から近距離鉄道と地下鉄を乗り継いで、駅からは徒歩で職場へというような移動や、休暇の際に、目的地までは飛行機や新幹線で、目的地ではレンタカーを借りて移動というように複数の異なる手段を選択する移動のことだ。

もう一つの「マルチモーダル（交通・輸送）」という概念は、移動の目的や目的地に応じて最適な移動手段を毎回選択するような移動、それを取り巻く社会状況のことを指す。マイカーを所有していない人であれば、ここなら自転車で、ここならバスで、ここなら徒歩と地下鉄とタクシーで、あるいはレンタカーを借りて…といったように、その人のニーズに応じて移動手段を選択している。

しかし、地方都市や農村部においては、どこに移動するにもマイカー一本槍で、まったく別の選択肢が頭に思い浮かばないという人が多い。マイカー利用ありきの生活が習慣化している、あるいはそもそも他の移動手段が提供されていないという状況がある。これは「モノモーダル（交通・輸送）」と呼ばれる。このモノモーダルをいかにしてマルチモーダル化、インターモーダル化するかというのが、本書のテーマの一つでもある。

たとえば、ある地域において、飛躍的に自転車交通のインフラが整備され、快適に自転車で移動できるようになればどうだろうか？　それだけでは、マイカーというモノモーダルを自転車というモノモーダルに置き換えるというわけにはいかない。身体能力の点で、自転車に乗れない人もいるかもしれないし、遠距離移動には車は欠かせない。雨天や冬季には公共交通を使いたくなるだろう。

公共交通にしろ、自転車にしろ、徒歩にしろ、マイカーのように一つの手段のみで地域の移動を成立させるというのは不可能である。つまり、後述する事例を参考にしてそれを単体で実施したところで、それほど大きな効果はない。複数の事例を組み合わせ、総合的に取り組むことによって、はじめてマルチモーダル化は進むのである。

3 章

ショートウェイシティ

移動距離の短いまちづくり

なぜ、フライブルクは公共交通が充実しているのか

ここでは、世界的に高い評価を得ているドイツ南西部の都市、フライブルク市の交通政策について紹介する。

23万人都市、フライブルク

フライブルクは、スイスとフランスの国境近くに立地する人口23万人の都市である（図1）。面積は153平方キロメートルで、南北に18キロメートル、東西に20キロメートルのくびれたひし形をしている（図2）。60万人規模の南バーデン地方の主要都市の一つであり、都市圏人口は周辺部の町村を併せて30万人程度、その文化と経済の中心地だ。

学園都市でもあり、2・5万人の学生を抱えるフライブルク大学が、1457年の創立からまちの中心的な存在として君臨している。大学の教職員数は8000人、巨大な大学病院も1万人近くの雇用を提供しており、その他の高等教育機関や研究機関も数多く立地する。市の経済は、大学関連の研究・教育産業と、そこから派生するサービス業で成り立っている。

さらにフライブルクは、避暑地、農村滞在型の観光地としても人気があり、ハイキングやウィンタースポーツで賑わう黒い森（シュヴァルツヴァルト）の南の玄関口に位置している。また市の西側のライン川沿いはブドウ畑が広がるワインの一大生産地でもある。そうした好立地の条件と、大聖堂

ともに中世の美しい旧市街を抱えたフライブルクには、毎年３００万人を超える観光客が訪れ、宿泊客数は１３５万人にものぼる。

市の経済力は次の指標で表される。域内総生産は年間82億ユーロ（約1兆円）で、第三次産業の占める割合が８割を超える。市内の雇用者数１人あたりの域内総生産は５・８万ユーロ（約７００万円）／年・人であり、製造業も盛んな州都シュトゥットガルトの８・２万ユーロ（約９９０万円）／年・人に

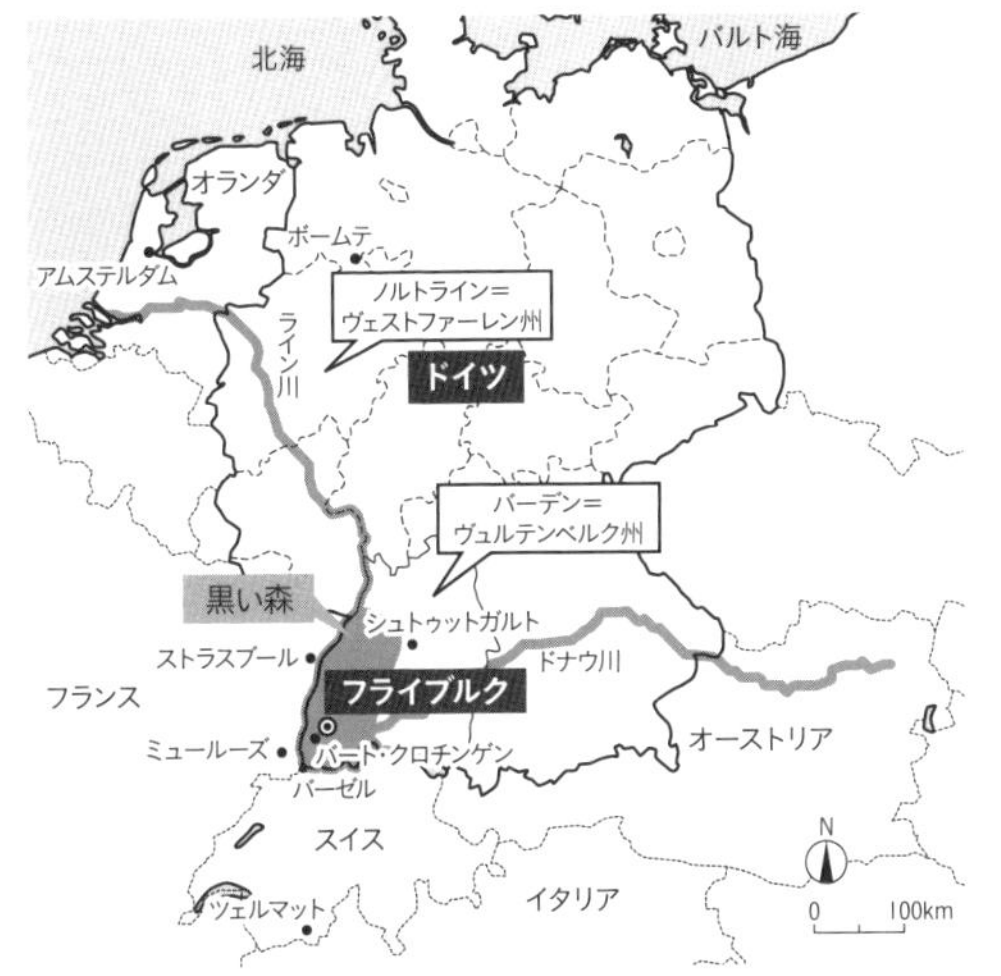

図１　フライブルクは、ドイツの南西端に位置しており、州都であるシュトゥットガルトよりも、隣国の都市ストラスブール（フランス）やバーゼル（スイス）に近い

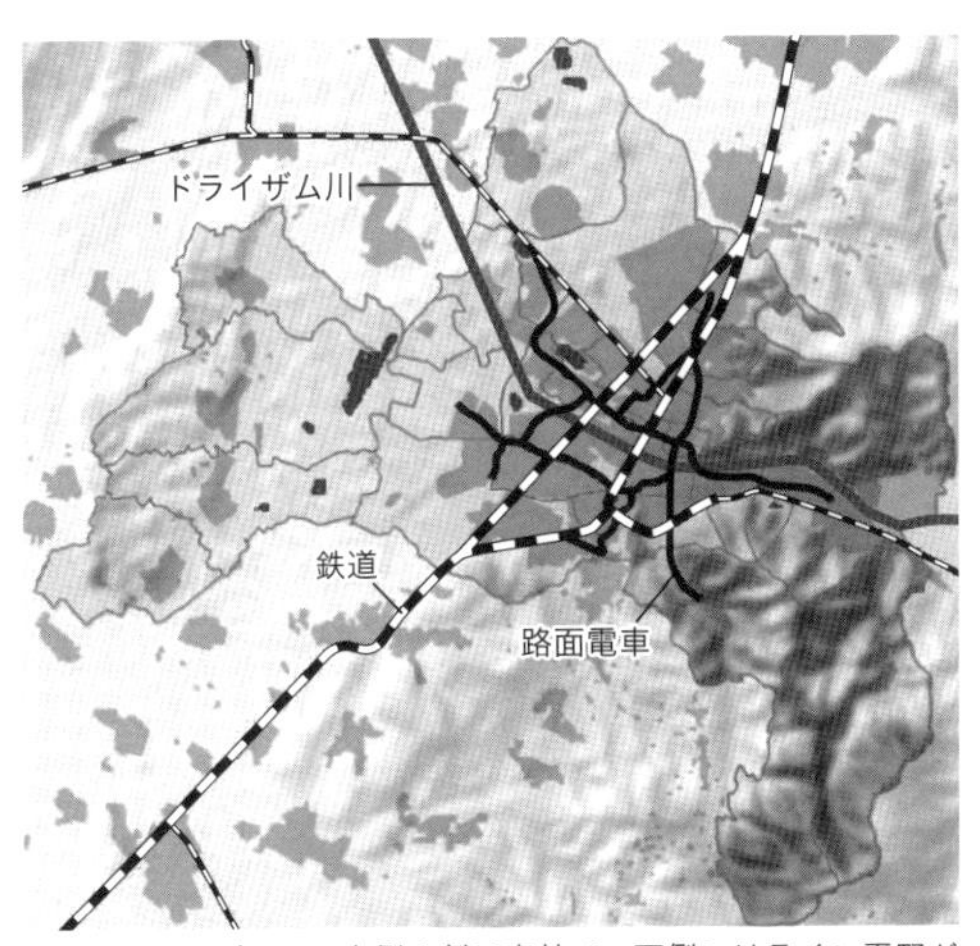

図２　フライブルクの東側４割は森林で、西側にはライン平野が広がる（出典：Stadt Freiburg）

は劣るものの、20万人規模のサービス業主体の都市ではそこそこの数字だといえるだろう。

また、市民の1人あたりの購買力は年間2・3万ユーロ（約280万円）で、ドイツ国内ではこのフライブルクが含まれるバーデン＝ヴュルテムベルク州とミュンヘンを州都とするバイエルン州が飛びぬけて工業的に潤っていることもあり、健闘している自治体だといえる。失業率もここ数年4～6％前後という低水準で推移している。

市の予算規模は8・5億ユーロ（約1000億円）規模で域内GDPの10％と比較的健全であるが、これまでに3・5億ユーロの財政赤字を抱えており、借金返済が予算の約2割、そして社会福祉費用が予算の約3割と、製造業が弱い他の都市と同様に厳しい台所事情である。

12世紀に誕生した交易都市

フライブルクは国境に隣接している国際都市であり、フライブルク、ストラスブール、ミュールーズ（フランス）、バーゼル（スイス）の3国の都市を中心に、民間、公共を問わず、数多くの三国間地域協定を結んでおり、政治、経済、文化、そして市民の交流が活発に行われ、EUもそれを支援している。とりわけこの地域では、児童教育の段階からドイツ語とフランス語の両方が習得されることが多い。

古くからライン川の東側を走るライン街道（独仏、そしてスイスへの南北のアクセス）とシュトゥットガルトなどのシュバーベン地方から黒い森地域を抜けてライン川まで到達するヘレンタール街道

（独仏の東西のアクセス）の交差点として、12世紀前半に誕生し、交易都市として発展を遂げた。13世紀に入ると、市内の背後の山で銀が産出され、この街道はますます賑わい、大聖堂が建てられるなどして、中世中期の終わりには都市機能が整備された。

鉄道の開通

このように街道の交差点として誕生したフライブルクに、はじめて動力式の交通機関が登場したのは1845年のことである。自動車発祥の工業都市マンハイムからカールスルーエ、そして保養地のバーデン・バーデンを通り、フライブルク経由でスイス・バーゼルまでを結ぶライン川渓谷鉄道が開通している。当時のフライブルクの人口は、およそ1・5万人であった。

さらに、この鉄道の開通から数年後、フライブルクは産業革命に本格的に突入し、地方からの人口の流入によって1900年には6万人を超えるまでに急激な人口増加と、都市区域の拡大、経済活動の拡大が続き、ライン川と黒い森とを結ぶヘレンタール街道沿いにも1882年から鉄道開設の工事がスタートしている。

ここで鉄道駅の設置について、日本とドイツを比較してみたい。

前述した通り、日本のまちはスクラップ&ビルドでつくられ、その賞味期限は短い。城や寺院（参道）といったランドマークをまちの中心に据え続けるのではなく、とりわけ戦後は歴史的な文脈がない場所でも鉄道駅をまちの中心にした都市開発が行われてきた。

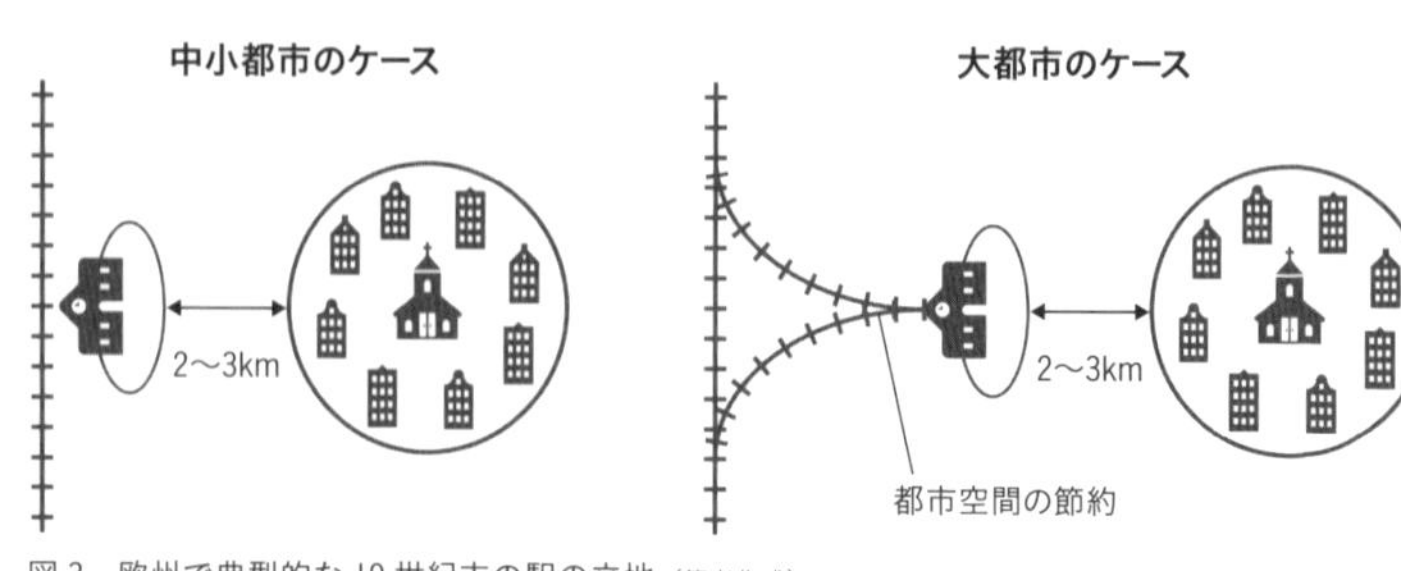

図3　欧州で典型的な19世紀末の駅の立地（筆者作成）

それに対して、ドイツなどの欧州諸国では、教会や広場の周りに都市機能を集積させた市街地（いわゆる中世の城壁の内部＝旧市街地）をまちの中心に据え続けている。したがって、産業革命が訪れ、鉄道駅を通す際にも、まちのアイデンティティである旧市街地を破壊することは行われず、どの都市でもまちの中心部から2〜3キロメートル離れた場所に駅を設置した（図3）。

とりわけ大都市においては、中心市街地近くの土地の消費量を半分にするために、中央駅は上り下りの通過式ではなく、通過部分はさらに郊外に設置し、スイッチバックしてまちの中心部から2〜3キロメートルほどの地点に乗りつける終着駅（ターミナル）が設置された。欧州でも鉄道開通後に、駅から中心市街地までを商店やホテルが立ち並ぶ目抜き通りにしているケースもあるが、あくまで旧市街地の教会や広場がまちの中心として今でも存在し続けている。

馬車から路面電車へ、公共交通の転換

さて、人口がますます増加した1891年になると、市内を走る公共交通機関を求める声が大きくなり、民間事業者による馬車が定期的

に市内を行き来するようになった。

しかし、この馬車という交通手段では一度に運べる人数が少なく、運行間隔は密でも正確でもなかった。さらに所要時間と経費がかかりすぎたことから、定期馬車交通の開始からわずか3年後の1894年には、すでに次の公共交通について市役所、議会で議論されるようになる。そのとき議論の念頭にあったのは、鉄道軌道を走る高速型の馬車、蒸気機関の鉄道、電気駆動式の路面電車であった。ただし、どのタイプの鉄道にするのか具体的な結論は出ず、フライブルク市は馬車を運営する事業者に助成を与え、馬車を増発させることで決議を引き伸ばした。

その2年後、年間の乗客数が3万人を超えるまでに増加した乗客を支えるためにも、軌道を走らせる方式の馬車か、電気駆動式の路面電車（電鉄）のいずれかを整備することが議論され、どちらにしてもすぐに軌道を引くことが決まる。

問題は動力である。バッテリー充電式の電気、架線式の電気、ガスタービン、内燃機関、そして馬力の間で議論が繰り広げられた。当時もっとも確実な技術だったのは、架線式の路面電車であったが、架線を市内に走らせることには景観の問題があり、とりわけ電気に慣れていない市民の間では感電死するかもしれない電線を頭上に走らせることを恐れ、反対意見も多かった。

そこで、行政から委託された諮問委員会は、他の都市の状況や当時の技術レベルを吟味し、最終的に次のような結論を下している。

理想的な動力はバッテリー式の電車であり、これが主流となる時代がやってくることは予想される。しかし、現段階では諸々の技術的な問題点があるため、これらが改善され、問題なく（バッテリー式の電車が）実用化されたときに、軌道、車体などを含めたインフラを大きな損失なく変更して使用することができるトロリー式、架線式の電車の導入を勧める。

（出典：Jürgen Burmeister, *Zum Bertoldsbrunnen mit Bus und Bahn*, Aba, 1988 から引用）

今から100年以上も前にバッテリー式の電車を評価していたことは驚きだが、この結論によって、急ピッチで建設が進められ、1901年にはフライブルクに路面電車が開通した。

電力と交通を兼業するシュタットベルケ

当時、フライブルクの経済活動、市民生活では電力は必要としておらず、ガス灯とロウソクなどが一般的な「まちの灯り」であった。

しかし、工業化の進んだ19世紀末には電力が求められるようになり、蒸気機関による大型発電所を建設する構想が持ち上がった。他の中規模都市と同様にフライブルクでも、初期投資とリスクの大きな発電事業を手掛ける民間事業者が現れなかったため、市営企業という形態で、市内に6基の大きな蒸気機関式の発電所（E-Werk）を建設することになった。

現在の社会では大型の石炭火力発電所あるいは原子力発電所は、ベースロード電力を供給するために用いられている。この発電形態は、需要に応じて機敏に出力を変動することが苦手で、かつ採算性を保つために発電施設の設備利用率を低く設定できないため、電力需要の低い夜間にも発電を続ける。したがって、発電量を需要が下回る深夜の時間帯には、揚水式水力発電所にエネルギーを貯蔵したり、あるいは無理に需要をつくりだすため、深夜電力を安価に販売する方式にしたりすることで成り立っている。

19世紀末から20世紀初頭の世の中では、ほとんどの電力は夜間の「灯り」のためだけに必要とされた。つまり、多額の投資をして発電所を建設しても、昼間電力が余ってしまうという問題を抱えていたのである。発電所の採算性を向上させるためにも、設備利用率を高めることは重要だ。そのため、昼間の余剰電力の引き受け先として、馬車交通を路面電車にするという一石二鳥の措置がとられた。

フライブルクに限らず、世界中で路面電車や電鉄などの公共交通事業と電力事業はセットで運営が始められている。つまり、１９００年前後には、ドイツをはじめとして欧州のほとんどの都市では路面電車が導入されているが、これは都市の電化を進め、発電所を同時に導入したことの結果である。日本では、小田急電鉄が鬼怒川水力電気とのセットで電鉄事業を開始しているのも同じ理由だ。発電源のないところに電鉄はなく、電鉄のあるところには必ず発電所があった。

ここで、この電鉄（路面電車）と発電所の事業者形態について説明したい。

大都市では民間企業が発電所と配電網を運営する事業者として名乗り出たケースもあるが、中小都市のほとんどでは、初期投資が大きな割に、売り上げ、つまり電力消費量がそれほど見込めない公共性の高い事業であったために自治体が率先して事業を引き受けた。もちろん、路面電車という市内交通とのセットである。

これは、イギリスで産業革命が経済格差や労働問題などを拡大した状況から生みだされた「都市社会主義（municipal socialism）」が欧州全土に広まったからでもある。利益のみを追求する民間企業に電力事業を任せてしまうと、経済力のあるエリアや建物のみに電力が供給されるようになってしまう恐れがあった。また、同一地域に複数の電力事業を手掛ける民間企業が乱立すると、総和としてインフラ整備によりコストがかかり、全体最適にならないこともその理由であった。

ドイツやスイス、オーストリアではこの発電、配電、路面電車という事業分野は、現在でも民営化されていないことが多いが、これらの公営企業は「シュタットベルケ（Stadtwerke）」と呼ばれる公益事業体連合（ホールディング）を組織している。つまり、自治体の公益事業（公共交通／廃棄物／上下水道／電気／ガス／市営住宅／住宅地開発／駐車場経営／プール／展示場メッセ／劇場／交響楽団など）は、それぞれが企業会計による公社または第三セクターによって運営されているが、それらがシュタットベルケと呼ばれる連合体を組織している。

現在のドイツには各都市や地域ごとに、１０００を超えるシュタットベルケが存在する。それぞれのシュタットベルケを構成する個々の企業は、その出資割合（自治体単独、広域自治体連合、あるいは民間との第三セクター）に応じて、経営方針やＣＥＯの任命、料金、サービスを市議会が決めたり、監査役や理事は市長や市議会議員から選出されたりする。

現在のフライブルク市内の公共交通は、市営企業であるフライブルク交通株式会社（ＶＡＧ社）が運営しているが、経営は赤字である（年間およそ５５００万ユーロの売り上げ規模に対して、１０００万ユーロの損失）。というよりも、ある程度の赤字を見込んで市議会が公共交通の運賃とサービスを定めているといった方が正しいであろう。

なぜなら、この赤字分は、市の一般財源から捻出されるのではなく、同じシュタットベルケの電力・ガス・地域熱・上水道というサービスを提供しているバーデノヴァ社（広域自治体連合＋民間企業＝第三セクター方式）の利益から補填されているからだ（年間およそ8・5億ユーロの売り上げ規模に対して、５０００万ユーロの利益。うちフライブルク市の出資割合33％＝１６５０万ユーロの利益）。このような考え方は日本ではありえない。

高価な公共交通の財源はどこから

しかし過去には、現在とは逆に、路面電車による利益とその電力消費量の確保によって、発電所の建設と配電網の設置、加えて発電事業の赤字を補填してきた歴史的な経緯がある。この二つがセットではなく、単独であれば、大都市以外では都市の電化は推進されることがなかったわけだ。

そして後年、マイカーの一大普及期、つまりモータリゼーションが到来した。さらには、車だけではなく、産業の電化と三種の神器（白物家電）の普及で市内の電力消費量が急増したため、電力の売り上げは上昇を続け、電力事業は黒字になった。

しかし、マイカーの普及は、公共交通つまり路面電車の採算性を悪化させた。そこで立場が逆転し、電力事業はこれまでの恩を返すように、その利益で公共交通事業を補填するようになった。

日本でも電化が始まった当初は、民間あるいは自治体が運営する数多くの電力事業者が多様な形態で乱立しており、同時に一部では公共交通事業もそれらが受け持っていた。しかし、１９３８年に当時の軍部の強い意向を受け国家総動員法とともに電力国家統制法が成立し、民間や自治体が所有する中規模以上の電力事業をすべて召し上げて国営化した。日本発送電株式会社の成立である。残された配電事業も、41年に配電統制令が施行され、自治体・民間は電力事業から完全に締め出され、地域ごとに九つの配電事業体制が確立、日本発送電とともに国による完全なる電力事業の一本化が成立した。そして、日本ではその時点で各地の電力事業と交通の関係は途切れてしまった。

戦後、巨大な権力を持ちすぎた国営の電力事業は、ＧＨＱの介入によって地域ごとに9分割・民営化された。たとえば現在、東京電力ホールディングスの普通株主の政府、地方自治体割合は2・7%、関西電力でも12・9%と欧州諸国ではありえないほど低い水準でしかない。

つまり、モータリゼーション後の日本における電力事業の莫大な利益は、銀行や投資家など個人の懐に入り、ドイツのように公共交通などその他の公益事業（シュタットベルケ）に還元されることはなかった。したがって、人口規模１００万人を超えるような大都市圏を除くすべての日本の都市や農村では、ドイツのように公共交通にカネをかけてサービスを高めることは不可能となった。

もし日本でドイツのようなしくみを目指すとするなら、まずは「キロワットアワー・イズ・マネー」のコンセプトで、地域出資者によって公営や第三セクター、組合方式で地域内のエネルギー事業を引き受け、そこで利益を叩きだして、その利益を公共交通事業に振り向けるしかないだろう。あるいはフランスなどのように、各種の法律で公共交通向けの財源を民間企業から吸い上げるような税制を整備するしかない。

消滅に脅かされているような自治体が、すぐにそのような財源を確保することは叶わないはずなので、本書ではそうした財源を確保しなくては実現できないような公共交通についてはほとんど取り扱わない。フライブルクの事例は、日本とドイツを比較しながら日本の問題点を提示するものであり、それを見習うことは日本では不可能である。とりわけ、日本各地で検討されている「路面電車によるまちづくり」は、１００万人以上の大都市でもない限り、30～50万人規模の県庁所在地レベルではうまくいくはずがない。

日本全土のまちの公共交通は、理由もなく衰退してきたのではない。1章で示したように、人口動態と入植地の人口密度の変化による悪影響と、市場の変化による悪影響を継続的に受け止められるだけの財源がなかったからこそ廃れてきたのである。赤字路線のバスに対してなけなしの財源から助成している地域も数多く存在するが、今後、より財政状況が悪化することが見込まれ、移動に対してさらに大きな問題が発生する時代に、そのような小手先の対策を持続するだけの体力は、今の日本の地域にはほとんど残されていない。持続することが１００％無理な公共交通の路線は即刻切り捨てて、まったく別の、将来も持続可能である選択肢にその財源を振り向け、体力のある今のうちに投資しておくことが肝要だ。

モータリゼーションが破壊したもの

フライブルクの路面電車は１９０１年に４路線でスタートした。その後、市の人口増と経済活動の拡大に伴って、路面電車軌道の総延長は伸び続け、１９２５年には運行密度をより高めるため内燃機関で稼働するバスが追加で登場する。１９３４年には、市内に５本の路面電車、そして４本のバス路線が運行していた。

さらに戦中、戦後と、公共交通の快進撃は続く。大戦で焼け野原となった市内中心部や住宅地にも、瞬く間に石畳や道路が復興され、路面電車は４路線が回復、バスに至っては７路線まで増設された。そして１９６５年までに、フライブルク周辺の村々は吸収合併され、都市規模はますます大きくなり、人口はすでに15万人を数えるようになった。

マイカーの普及

そうした時代に、社会を根本から揺るがす変化が起きる。個人による交通手段の所有化、モータリゼーションの到来である。

1950年代に入ると、フォルクスワーゲン・ビートルの大量生産が始まり（当初は主にアメリカ輸出向け）、こうした工業生産に勢いがつくことでドイツ経済も豊かになった。その後もドイツでは自家用車が大量に生産・所有され、1955年には国内に100万台前後しか登録されていなかった乗用車は、1965年には10倍の1000万台を突破している（図4）。

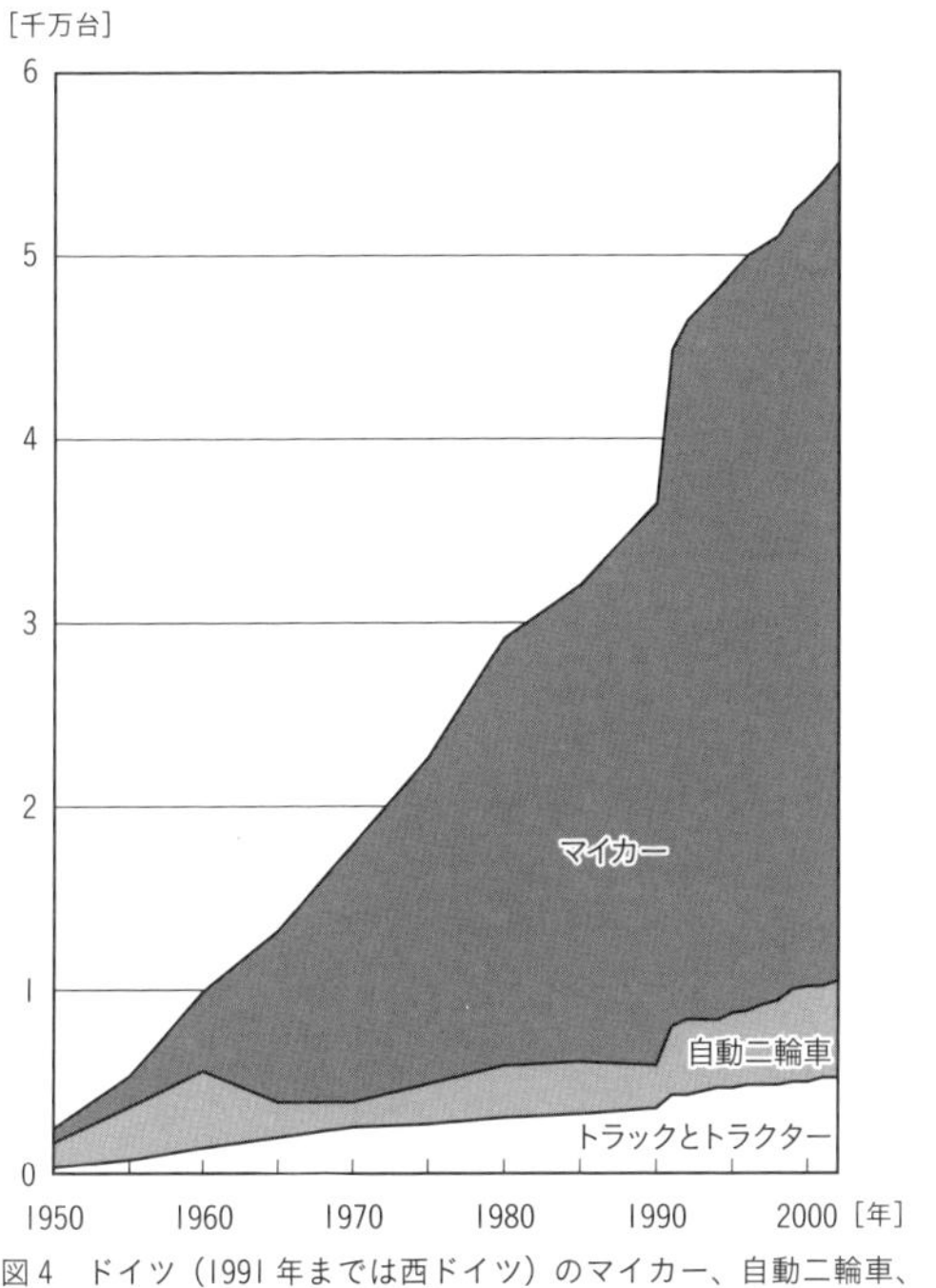

図4　ドイツ（1991年までは西ドイツ）のマイカー、自動二輪車、トラックとトラクターの登録台数の変化

（出典：Deutsches Institut für Wirtschaft Forschung, *Verhkehr in Zahlen*, 2002）

ドイツでは国をあげて「一家に1台マイカーを」というモットーを掲げ、道路は拡張され、アスファルト化され、駐車場が街中に建設され、人や自転車は道の端に追いやられるスタイルが定着した。

ドイツで市場原理以外にモータリゼーションを推し進めた大きな政策が二つある。

一つは、1949年からマイホーム建設に対して戦後最大規模の補助金・税制優遇を投入し続けて、郊外住宅の建設に拍車をかけたこと（ショートウェイシティの真逆）。もう一つは、マイカー通勤だけを対象にした通勤コストの税控除である。マイホームを職場や買い物、教育のインフラがある中心部ではなく郊外に、そして移動はマイカーでというライフスタイルを、文字通り国家予算の限りを尽くして推進した。

こうした急激なモータリゼーションによって、市民は自由で快適、かつ高速の移動手段を手に入れた。その一方で引き起こされた当時の交通問題は、現在と本質的に変わらない。渋滞、大気汚染、騒音、事故、都市空間の浪費と消失、これまでの経済・商業基盤と住環境の破壊などである。

とりわけまちの中心部が街道の交差点になっているフライブルクにおいては、マイカーによって中心部の都市空間が占有されてしまい、これらの交通問題が他の都市よりも早期に、より集中的に、極端な形で現れた。

ここで、わずか10年（1955～65年）という短期間に一気に国中に広まったモータリゼーションよって破壊されたものについて考察してみたい。

都市空間の喪失

モータリゼーションがもっとも強力に破壊したものの一つに、都市空間が挙げられる。マイカーは、都市空間を大量消費する交通機関である。この認識が薄いと、都市計画と交通手段、そして地域経済とを併せて考えることができない。

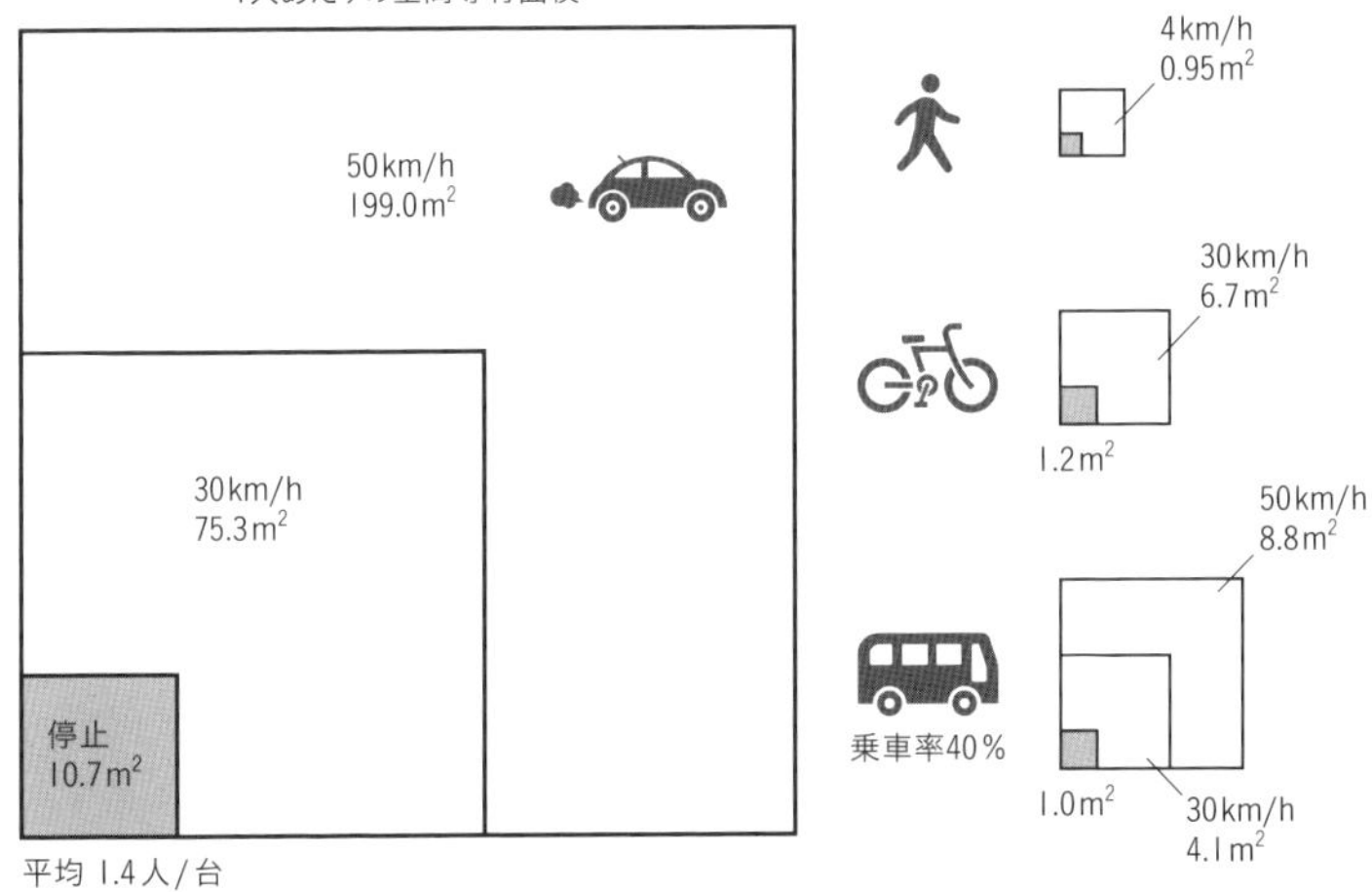

図5　それぞれの交通機関の都市空間消費量
（出典：Hermann Knoflacher, *Zur Harmonie von Stadt und Verkehr*, Boehlau Verlag, 1996 の数字をもとに筆者作成）

ウィーン工科大学のヘルマン・クノーフラッハー教授によると、人間が移動する際、徒歩であればおよそ0・95平方メートル／人（時速4キロメートルの移動時）の都市空間を消費するだけで済むという（図5）。公共交通やタクシーの場合は4・1平方メートル／人（時速30キロメートル）の空間を消費する。自転車では、自転車レーンや駐輪場に起因して6・7平方メートル／人（時速30キロメートル）の空間が必要だ。しかし、マイカーはそのレベルではない。人間1人を移動させるのに最低でも10・7平方メートル（駐停車時）、極端な場合は199・0平方メートル／人（時速50キロメートルで走行時）を超える都市空間を消費してしまう。これは、走行用の道路空間と駐停車用の駐車場の確保に必要な都市空間の消費量である。

マイカーによるこの消費がまちの経済に対し

て壊滅的な影響を与える。

車のために道路を拡張し、駐車場を整備することによって、商業施設が集積する中心市街地で移動人口密度の極端な低下が引き起こされるからだ。商店街などでは、店舗前を通過する人の密度が低下し、収益の低下、地価の低下、立地の魅力の低下をもたらす。これに対抗できる商業施設は、道路インフラを税金で整備させ、巨大な駐車場を準備できる郊外の大型店のみであった。

居住空間の喪失

モータリゼーションが始まるまでは、かなり狭い面積に大勢が居住し、ある一定レベルの豊かな暮らしを営むことが可能であった。というよりも、マイカーという交通手段を持たなかった市民は、肩を寄せあうことで、近隣の高い生活サービスを享受していたわけだ。

しかし、モータリゼーションが国中を席捲すると、住宅地にも拡幅・舗装された道路が必要となった。そして世帯数を超える台数の駐車場を整備しなければならなくなった。

これは、居住エリアにおける大幅な人口密度の低下を意味し、同時に子どもの遊び場は剥奪され、人びとが利用してきた「道・路地」という社会福祉的な空間も喪失した。モータリゼーション後は、道路という公共・社会福祉機能の場が、移動のためだけの場所と変貌してしまった。

この居住エリアにおける人口密度の低下という現象は、モータリゼーションの完了から10~20年後に起こった少子高齢化、核家族化という社会現象とあいまって、1章で述べたような従来型の近隣商業施設を破壊し、同時にカネを地域内で回すことで維持されていた地域経済の弱体化を招いた。

遊び場の喪失

『子どもが道草できるまちづくり』（仙田満・上岡直見編、学芸出版社）によると、モータリゼーションが始まる1955年から完了した1975年の20年間に、子どもが屋外で活動できる空間は、都市部において100分の1に減少したことが記されている。

過去にはフライブルク大学社会学研究所所長を務めていた社会学者バルドー・ブリンケルト教授は、1994年にフライブルク市からの委託で「都市における子どもの活動空間」を調査し、1冊の本にまとめている。これはドイツの児童公園設計のバイブルでもある。そこでは、都市における子どもの生態を社会学的に詳細に観察し、子どもの発育にとってもっとも重要な活動空間は、①家の庭や車庫、②家の前の道路、③近所の公園の順であると結論づけている。

しかし、現在の都市においては、①の庭や車庫を十分に確保することは難しく、とりわけ②の家の前の道路についてはほとんど破壊されてしまった。モータリゼーション以前は、都市計画や政治、行政がまったく無策であっても、子どもの活動空間は「道」で自然に生まれていたが、モータリゼーション以後は、優れた都市計画や緑地計画などの政策が施されなければ子どもの活動空間は存在しないに等しいという綱渡りの状況が続いている。

道路が壁になり、歩行者の移動の自由が奪われる

そして道路は強力な壁となった（図6）。これまでのように人びとは、道を自由に横断し、立ち止まり、移動することが叶わなくなった。この壁の高さは、その道路における車の交通量とスピードに比例する。幹線道路では、壁の高さが高すぎて向こう側へ移動することはままならず、信号や横断歩道という壁の抜け穴だけが唯一横断できる場所となった。「トムとジェリー」の漫画に出てくるネズミの穴のように。

ドイツが東西に分裂していたころ、ベルリンの壁を超えようとして28年間に２００人近くが射殺された。これは冷戦が残した社会の悲劇として人びとに記憶されている。一方、この道路という壁では、日本では１９７２年に５６００人の歩行者が殺され、２０１５年でも１５００人を超える歩行者が犠牲になっている。しかし、子どもを含むこれほど多くの人びとが犠牲になっているにもかかわらず、この道路という壁については社会的な関心が集まらない。

こうして車は移動の自由を謳歌する一方で、歩行者は道路という壁に囲まれ、出口のない監獄に閉じ込められるようになった（図7）。

社会福祉的な機能の壊滅

人と人が出会う社会福祉的な機能を持つ「道」という空間は見事なまでに破壊された。とりわけ、自宅前にマイカーを駐車するようになった結果、移動の際に、人は家から車へと閉じられた空間の

みを移動し目的地に運ばれる。人と人が移動の途中で出会う可能性は排除され、買い物先、職場など、同じ時間に同じ行動を営む、同じ社会層の人びとの間でしか交流は行われなくなった。

モータリゼーションは静寂な生活空間、清潔な大気だけでなく、こうした人間の生活の営みにとって非常に大切なものをたくさん奪い去ってしまった。その代償に、人は自由な移動手段を手に入れた。

図6　現在の道路は歩行者にとって、超えることができない高い壁に等しい（筆者作成）

図7　車が移動の自由を謳歌し、歩行者は出口のない監獄に閉じ込められるようになった（筆者作成）

自動車を抑制するフライブルク市の交通政策

総合交通計画1969の策定

このような社会的背景のなかで、フライブルク市では、道路、自動車、公共交通、徒歩と自転車、さらには移動の目的地である商業施設や公共サービス施設などの立地といった複合的な交通に関わる物事を1本の計画でとりまとめ、問題解決を迅速に図るための議論が行政と市議会で行われた。

「総合交通計画（Generalverkehrsplan）」という交通マスタープランが模索されたのは、1960年代初頭であり、1961年にドイツ国内の統一法として連邦建設法が施行されたことが一つの契機であった。都市計画について定めるこの連邦建設法の施行によって、ドイツのすべての地方自治体は、土地利用計画（Flächennutzungsplan：マスタープラン、Fプラン、行政活動を拘束）、地区詳細計画（Bebauungsplan：建築計画、Bプラン、土地利用者の活動を拘束）という2段階の都市計画を整備しなくてはならなくなった。これによって、ドイツではすべての建設行為が線引きされた土地でのみ行われるようになった。

フライブルク市ではこの土地利用計画に準じる形で、複合的な交通をとりまとめる総合交通計画が1969年に市議会で決議されている。これは条例ではないが、すべての行政活動を縛る計画であり、日本のマスタープランのように絵があるだけの計画でも、道路整備に代表される上位計画や助成措置、他の官庁などに左右される縦割りの計画でもない。

土地利用を示すマスタープラン（Fプラン）、そしてこの総合交通計画がいったん策定されると、それに矛盾するような行政行為は一切許されない。もし、開発の状況が想定と異なったり、上位に新たに別の計画が出現した際には、市議会の過半数の決議によって、再度、このマスタープランあるいは総合交通計画が修正されない限り、行政活動はできないほど厳しい取り決めである。

この総合交通計画1969策定の意図は、急速に進んだ戦後の復興のなかで増え続ける自動車交通に対応するために、大きな幹線道路（バイパス）や大型駐車場を整備し、住宅地エリアでの車の交通量を減少させ、騒音や大気汚染、渋滞といった問題を解決して生活環境の向上を図ることが第一義とされた（車交通の分離・結束化、静穏化、駐車場対策）。

同時に、すでにこの段階で、都市空間を激しく消費する自動車交通の増加によって、間断なき渋滞に悩まされ、市街地の経済的価値が低下することが危惧されていたため、中心市街地への車の乗り入れ禁止と歩行者天国化（トランジットモール化）、そして自転車レーン・ネットワークの総合整備の計画も念頭に置かれていた。

当時、ほとんどの都市では、増え続ける自動車交通に対応するために道路を拡張、駐車場を建設し、車のスピードを向上させることで、渋滞を緩和する対処療法に追われていた。ハノーファーやケルンなど多くの都市では、第二次世界大戦の空襲で破壊を免れた中心市街地の歴史的建造物を自らの手で破壊してまで、この飽くなき道路の拡張政策が推し進められた。

とりわけ自動車交通に利用者を奪われ、スムーズな車通行の邪魔者に成り下がった路面電車は、ほとんどの都市では役目が終わった交通手段と見なされ、廃線や路線縮小がいたるところで目立つようになっていた。

しかし、フライブルク市は他の都市とは異なり、この時期に路面電車の拡張・充実を決定している。そうした背景には何があったのだろうか。

68年世代の台頭とオルタナティブな政策

この時代の社会背景について説明すると、フライブルクでは戦前、戦中、戦後と近隣町村を吸収するような形で合併が続けられ、入植地は拡大し、人口が急増していた。都市の急速な拡大という現象は1960年代後半には収束しつつあったが、それでも1965年に15万人だった人口は5年後の1970年には16・5万人を数えている。

加えて、市民は経済的に豊かになり、働き方や暮らし方は急激に変化し、市内の交通量は1966年からわずか3年間で1・6倍に急増している。1960年代には市内の基幹道路、環状線などは、増え続ける自動車に対応するために片側2車線で整備されたが、実際にはそれを大幅に超えるスピードで自動車は増え続けていた。

また、ドイツではこの時期、戦後の奇跡的な経済復興がひと段落した後に、オルタナティブ（別の道）を訴える学生たちで社会が沸いていた。このとき学生だった世代は「68年世代」と呼ばれ、社会学的にも大きな変化がこの世代の前後で見られる。彼らは、理由なき権威を認めない（この世代以降、学校の教師は教壇という一段高い場所には立たなくなった）、同性愛者の社会的容認、女性の社会進出の推進、自然保護（公害反対）、反核、ベトナム戦争反対などの主張を掲げ、一部には過激化する者もいた。

学園都市のフライブルクではとりわけ社会運動が激しく、連日のようにデモや座り込みが行われていた。また、この時代にはすでに一部の社会層では、経済成長一辺倒の社会正義を疑問視し、環境保護の意識が芽生え始めており、マイカーではなく、便利で安価な公共交通や自転車交通の推進を訴えるようになった。ちなみにドイツ人の原子力発電に対する徹底的な嫌悪の意識は、このころ生まれたものだ。

この当時、フライブルク市議会は一つの英断を行った。中心市街地を歩行者天国にすることにしたのだ。しかし、日本でもお馴染みの「車が来ないとお客が来ない」という論法によって、中心市街地で商売を営む小売店関係者からは猛烈な反対を受けた。

そこで市はアーヘン工科大学の力を借りて、市役所横の一つの通りを時限的、試験的に歩行者天国化することにした。

すると、歩行者天国にしたその日から、その通りは人で溢れ、通り沿いの小売店は軒並み売上げを伸ばしたという。もちろん、すべての関係者の杞憂は晴れたわけではなかったものの、実験という手順を踏んで市民の理解を得られたことで、中心市街地の目抜き通りであるカイザーヨゼフ通りを１９７２年から歩行者天国化している。

上：1965 年に撮影されたカイザーヨゼフ通り交差点（提供：Freiburger Verkehrs AG）
下：現在のカイザーヨゼフ通り交差点

当時、カイザーヨゼフ通りの1日の車の交通量は2・2万台を超え、市のシンボルだった大聖堂前の広場は数百台を収容する駐車場だった。歩行者天国化された現在は、通りは歩行者で賑わい、大聖堂広場には活気溢れる市場が広がっている。その後、他の中心市街地の通りでも自動車の進入禁止措置が図られ、トランジットモールは拡大してゆく。

徒歩、自転車、公共交通の推進

この歩行者天国化が契機となって、数多くの通りで、10年以上の月日をかけてアスファルト舗装が剥がされ、縁石も取り除かれ、中世からの美しい石畳の街並みを取り戻した。

また、13世紀ごろからまちの隅々まで整備されていた水路も、モータリゼーションとともにほとんど姿を消したが、復活された。現在のフライブルクでは、「ベッヒェレ」と呼ばれる小さな水路が美しい景観のアクセントになっている。

実は当初、この水路は景観のためではなく、州の助成金を得るための方便として再整備されたものである。路面電車の軌道と停留所の再整備のために州から助成金を得る際の条件として、軌道と歩道を分離する必要があったのだ。柵で分離することは、開放的なトランジットモールを台無しにしてしまうため、伝統的な水路を軌道と歩道の分離措置としたのだ。その後、この水路の復活は評判を呼び、これまでに中心市街地の隅々まで再整備されている。

このように中心市街地を車が占領するという呪縛から開放させたことで、フライブルクはいち早

フライブルクのベッヒェレと呼ばれる水路は、美しい景観をつくる憩いのスペース

く中心部の商業立地の価値を高めることに成功した。

当たり前のことであるが、商店を通過する人の密度が高ければ高いほど、その店の経営は成り立ちやすくなる。もちろん、そもそも中心市街地に人を集めなければ、いくら歩行者天国にしたところで商店は成り立たないが、それを都市空間の消費量が多い車ではなく、空間を節約できる路面電車とバス、歩行者、そして自転車で実現したのだ。

また、この当時、中心市街地の駐車場不足の解決も優先度の高い課題だった。環状線から直接進入できる立体駐車場や地下駐車場がつくられ、現在では中心市街地を取り囲む形で、合計3000台分の駐車場が整備されている。

この中心市街地の歩行者天国化（トランジッ

トモール化）と並行して、路面電車を主体とする公共交通と自転車交通の推進も行われた。１９６０年代後半には路面電車は衰退の兆しを見せ始め、路線延長も減少していた。同時に、性能が向上し、軌道を必要としないバス交通で代替することになっていた。

１９７１年に市の委託によって検討された公共交通合理化諮問委員会の中間報告書には、次の一文が記載されている。

「一つだけ現状で確実にいえることは、路面電車の時代は終わりだということである。将来的に路面電車は徐々に廃止に向かって突き進むだろう」

交通の専門家の間でも、路面電車は時代遅れの交通手段となったと考える者が大多数だった。しかしそれでも、１９７２年にフライブルク市議会は、自動車交通の推進では市街地の将来性はないと判断し、中心市街地の歩行者天国化を実施、同時に衰退傾向にあった路面電車の再拡張計画を決議したのである。

また１９７０年に市議会は「自転車レーン総合計画」も策定した。当初30キロメートルの総延長で整備された自転車レーンは、その後も整備が続けられ、現在では１６０キロメートルを超えている。自転車が車道を安全に通行できる「テンポ30ゾーン」（4章参照）、マイカーの乗り入れが禁止されている農道・林道（自転車走行は自由）と合わせると、市内に合計４００キロメートルを超える自転車交通ネットワークが張り巡らされている。

フライブルクの交通政策の5本の柱

このように1969年を契機として、フライブルク市の交通政策はドイツの中でも独自の道を歩み始めた。さらに1979年に全面改定された総合交通計画では、それ以降に出現した新しい交通の取り組みがまとめられ、継続的に徒歩と自転車、路面電車とバスを推進することとなった。またここではじめて、自動車、公共交通、徒歩、自転車の四つの交通手段はすべて平等、並列で検討することが明記され、車の絶対的な優先という観点はフライブルクから消滅した。

その10年後、フライブルク市は新たに「総合交通計画1989」を策定し、さらに画期的な方針を打ちだしている。公共交通、徒歩、自転車の三つを「環境連携交通」と呼び、車よりも優先することが明確に述べられたのである。

この総合交通計画は以下の五つの柱で成り立っている。

1. 公共交通の拡張
2. 自転車交通の促進（ネットワークの拡張・駐輪場整備）
3. 車交通の静穏化対策
4. 車交通の居住エリアからの分離と幹線道路における結束化
5. 駐車場の設置とその料金制度の統合（中心部に近ければ近いほど高額になるように誘導）

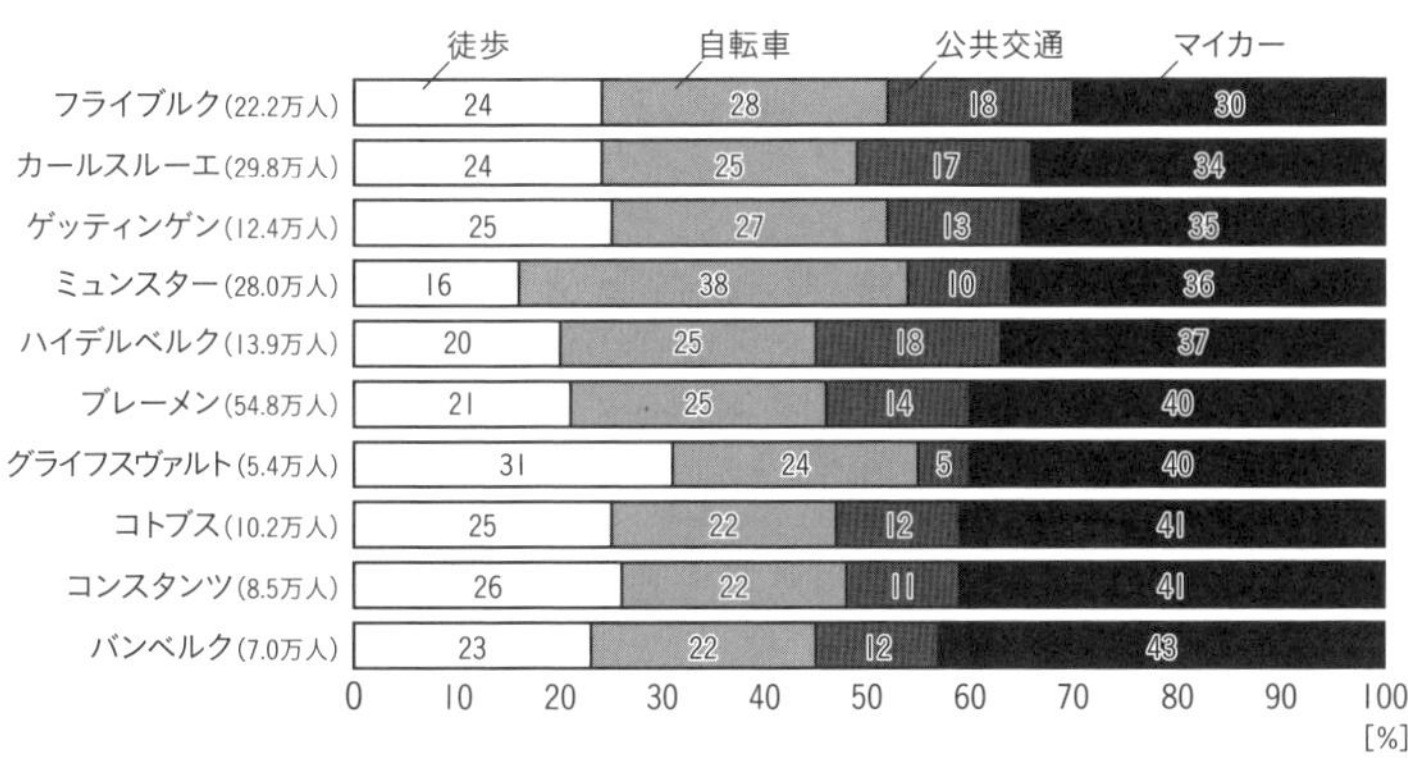

図8 ドイツの自転車先進都市のモーダルスプリット（平日に居住者が市内を移動する場合の、外出回数あたりの交通手段選択の割合）
（出典：EPOMM（European Platform on Mobility Management）が提供している、欧州500の自治体のモーダルスプリットが登録されたデータベースTEMS（The EPOMM Modal Split Tool）から、ドイツの自転車先進都市を抜粋し作成）

この5本の柱は、今なお45年以上も継続してフライブルク市の交通政策の背骨となっている。2008年には、各種のデータを一新し、新しい「土地利用計画2020」に適合する「交通発展計画2020」が策定されたが、基本的なスタンスは変わらない。

これら5本の柱のそれぞれは、常にお互いに強く影響を及ぼすため、単独で進めても効果は薄い。たとえば、公共交通のサービスと運賃は、マイカーの中心部への進入に対する圧力を左右するが、これは中心部での駐車場台数と料金との整合性があってはじめて効果が現れる。

住宅地や中心部の自動車交通の静穏化（低速化、進入禁止措置、一方通行化など）は、公共交通と自転車交通の推進と連動することで車交通自体を減少させないと、行き過ぎた渋滞が頻発する単なる移動しにくいまちとなり、都市の活力を奪ってしまう。

自転車交通と公共交通がバランスよく共存すること

で、マルチモーダル交通を選択する市民が増え、シナジー効果を生みだす。

このように総合交通計画とは、総合的に全体を見通したうえで、あるいは相互矛盾をできる限り排除したうえで策定されてこそ効率が高まる。

それに対して、日本の多くの自治体では、道路に関わる政策は県や国などの上位計画によって簡単に変えられてしまうし、役所と警察の温度差も大きい。市街地の駐車場も民間所有が多く、自治体が料金設定に権限を持たないため、公共交通サービスと整合性をとって決められない。つまり、自治体が長期的かつ面的な視野で、道路の整備と公共交通や自転車交通の推進政策とを総合的にたやすく計画できる状況にない。しかし、困難だからといって、何もしなければ地域の衰退傾向を覆せるはずもない。

フライブルクとそのほかの都市のモーダルスプリット（交通分担率）を調べてみると、自治体の規模と立地条件を考えたとき、車利用の少なさではフライブルクは群を抜いている（図8）。その原動力となっているのが、総合交通計画の5本の柱である。

フライブルクの中心市街地を活性化する交通政策

フライブルク市の交通政策は前述した5本の柱から成り立っているが、そのうち、公共交通の推進と都市計画の関係について、もう少し詳しく紹介しよう。

40年以上続く、路面電車の拡張・推進

1972年に中心市街地が歩行者天国となり、同時に路面電車の拡張が市議会で決議されると、フライブルクはとりわけ戦後に西部に拡大した都市圏をカバーする路面電車網の整備に努めた。1986年には中央駅に路面電車専用の陸橋を完成させ、その後も路面電車の路線延長や新路線の建設が続けられ、1994年、97年、2004年、06年、14年、16年には新路線が開通している。現在も予算不足に悩まされながらも、2路線の延長工事、1路線の新設工事が進行している。

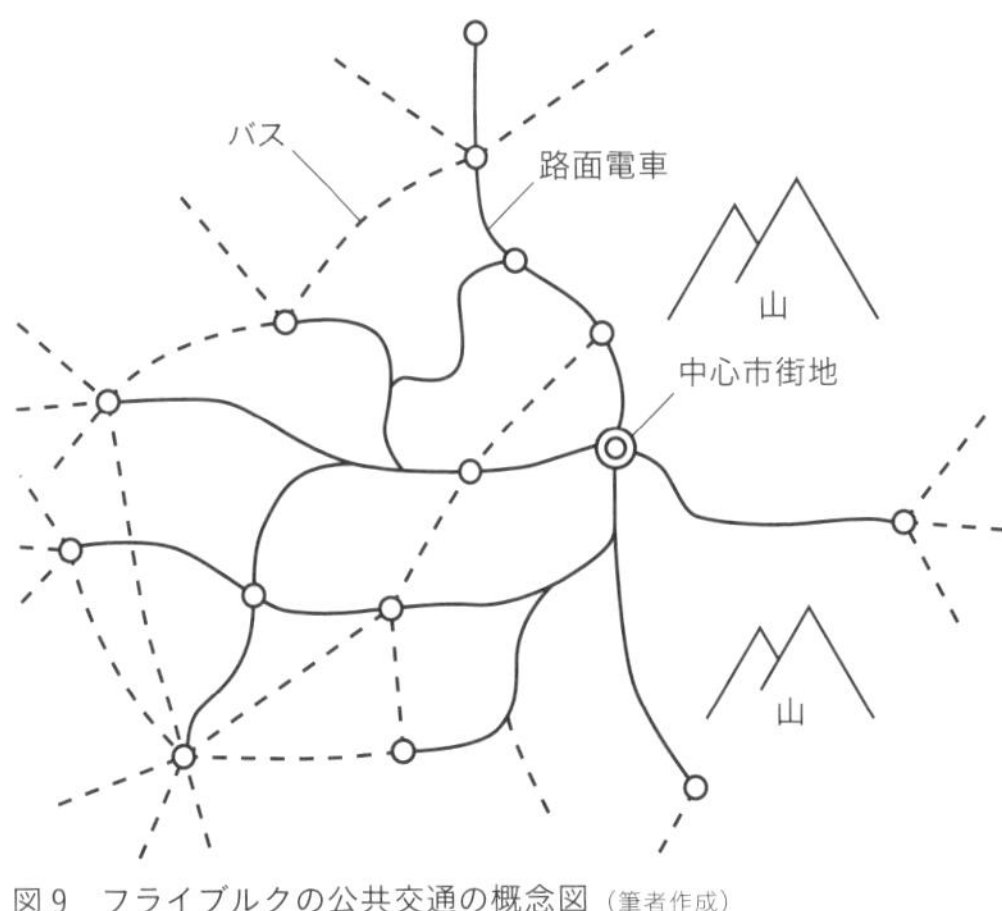

図9　フライブルクの公共交通の概念図（筆者作成）

現在の公共交通の充実度

ここで、2016年現在のフライブルクの公共交通について総括しておこう。フライブルクの公共交通は、図9のような蜘蛛の巣の形を思い浮かべていただくと良い。縦糸が路面電車で、路面電車の路線をつなぐ横糸がバスという構図である。

路面電車は、中心市街地の交差点（2本の街道の交差点で、フライブルク市の起源だった場所）を基点に10方向へ

放射状に伸びる路面電車5路線が、路線総延長46キロメートルで運行されている。

各路線は早朝5時半から深夜0時半まで運行しており、日中の運行間隔は路線ごとに6分、7・5分、10分ごとで、夜は15分間隔、早朝・深夜は30分間隔になる。合計で67編成の路面電車が、年間延長310万キロメートルを走行している計算だ。

フライブルク市内の公共交通の乗客数は、年間7700万人にのぼるが（市民1人あたり年間335回利用！）、このうち8割を超える6300万人が路面電車で移動している。また、路面電車は市内の人口密度の高いエリアを狙って通してあるため、停留所まで徒歩5分圏内（300～400メートル）に居住するフライブルク市民は全体の70％、16万人に及ぶ。

続いてバス交通は、基本的な考えとして、路面電車2本ごとにバス1本が接続するという間隔、つまり日中は15～20分間隔で運行されている。また、通学時には学校周辺部で増発便が多数出ている。市内のバス路線の総延長は185キロメートルで、路面電車の路線と路線とをバイパスさせたり（蜘蛛の巣の横糸）、郊外の農村部など人口密度の比較的低いところを運行している。

これら二つの公共交通をネットワークさせることで、路面電車かバスの停留所から5分程度の圏内に市民の98％が居住している。

郊外への大型店進出の抑制

公共交通には周辺から1カ所に人を集めたり、集まった人を周辺に拡散させたりする機能しかない。つまり、移動の目的地が固まって存在するか、住居が1カ所に集積している必要がある。居住エリアが拡散し、大型店が幹線道路沿いに分散すると、当然、公共交通ではカバーできない。

そのため、フライブルクでは早くから中心市街地の活性化に積極的に努め、郊外大型店の進出を抑制してきた。もちろん、1章で述べたように、そもそも居住エリアの人口密度が一定レベルに達していることが前提である。

日本では、大規模小売店舗における小売業の事業活動の調整に関する法律(大店法、1974年)、そして後のまちづくり三法(改正都市計画法、大規模小売店舗立地法、中心市街地活性化法、1998年)とその後の改正、あるいは都市再生特別措置法(2002年)などで、郊外大型店の進出やスプロール化を抑制してきた。これらの法律は時代背景に応じて頻繁に引き締めが行われてきているが、総括すると、常に問題が発生した後で策定や改正が行われてきた「対処」の法律群である。とりわけ2006年のまちづくり三法の改正は、誰の目にも遅すぎた対策だった。日本全土、どの地方都市でも幹線道路を車で走ると、まったく同じ光景になってしまっている原因は、日本の都市計画制度が「誘導」ではなく、問題の「対処」でしかなく、しかも常にその対処すら手遅れであったからだ。

一方のドイツの国の政策も、阿部成治教授の『大型店とドイツのまちづくり』(学芸出版社)に詳しいが、こちらも「誘導」というより「対処」の範囲内でしかない。

ドイツでは1961年に連邦建設法で都市計画を含む建築・建設法規の基礎ができあがった。郊外の大型店に関しては、1962年に制定された建築利用令で、それぞれの用途地区に出店を許可する小売店の範囲を規定した。そして１９６８年の改正では、自治体の規模を超えて供給を行う大規模店舗の出店に関しては、市街地の「中心地区」と自治体が定めた「特別地区」のみに限定することが明記された。ただし、この規制も、具体的にどの規模をもって自治体の供給規模を超えるのかが明瞭でなかったため、それほど効果はあがらなかった。さらに１９７０年代にはドイツ全土で大規模な自治体合併が行われたため、この意味はより曖昧となった。

そこで１９７７年の改正では、店舗の規模に具体的な数字が取り入れられた。ここでは地域にとって大きな影響がある小売店の店舗を、延べ床面積１５００平方メートル以上とみなし（売り場面積ではおよそ１０００平方メートル）、前述した「中心地区」と「特別地区」のみに出店が可能となった。

日本と同様、ドイツでも法律と市場原理のいたちごっこは続く。１９７０年代後半から１９８０年代にかけて、１５００平方メートルをわずかに下回る店舗が多数出現し、人口が増加しない地域では、いよいよこの時期から商店街や中小の小売店の閉鎖が相次ぐようになった。

そこで１９８６年の改正では、緊急的に延べ床面積１２００平方メートル（売り場面積で約８００平方メートル）を大型店の基準値と下方修正した。売り場面積８００平方メートルとは、住宅地で各種商品を提供する近隣型店舗（ごく普通のスーパーなど）に必要な面積である。同時に、この売り場面積を超えていても、地域の日常品供給に大きな影響がでないと考えられる大型専門店（園芸用品、靴、家具、玩具など）は、この限りではないことも併記された。

ただし、これらの国の法律改正より以前に自治体が策定した「土地利用計画（Ｆプラン）」「建築計

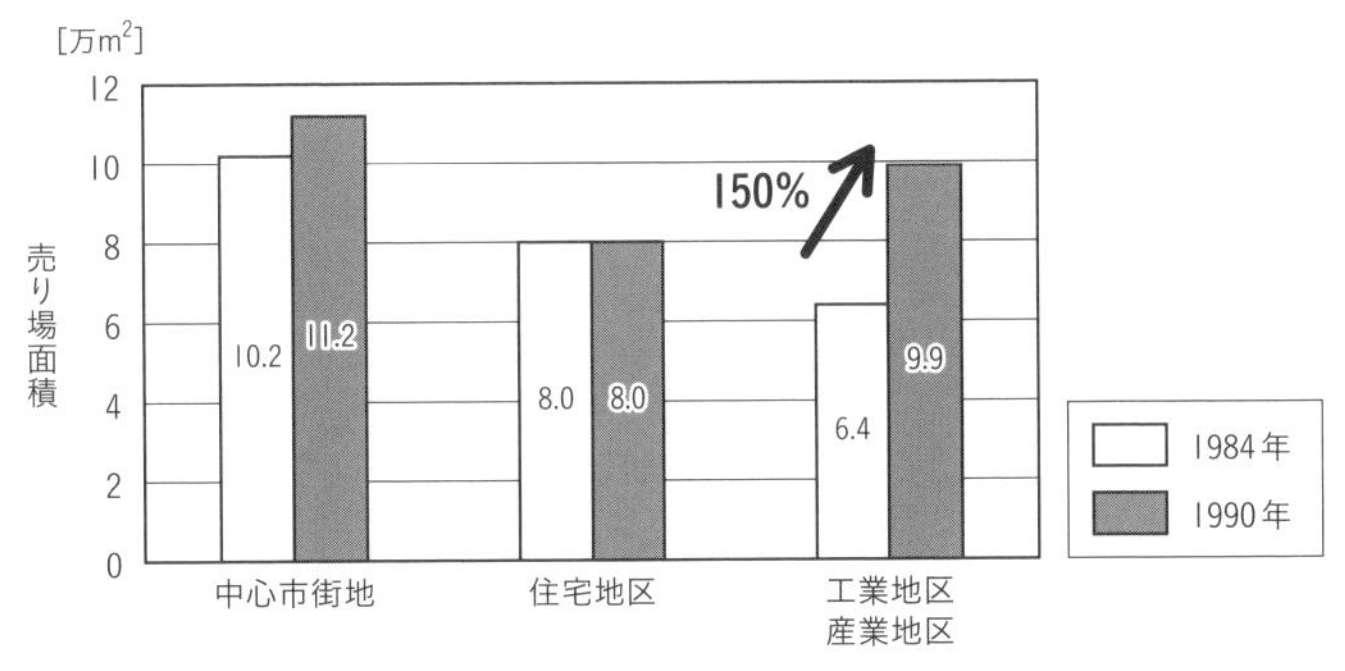

図10　フライブルク市内の売り場面積の推移（出典：Stadt Freiburg, *Märkte und Zentren Konzept Freiburg*, 1994）

画（Bプラン）」において、郊外型大型店の進出を許す隙がある場合、自治体が法律改正のたびにそれら都市計画書類もすべて修正しなければ、新しい法律は有効に機能しない。しかし、これらの都市計画を数年おきに更新することは費用と手間がかかりすぎて現実的ではなく、自治体によっては開発余地を残すため意図的に更新しないところもある。

さて話をフライブルクに戻そう。１９８０年代、フライブルクでも郊外の工業団地に二つの大型店舗（小売大手のウォルマートとメトログループ）が進出した。さらに各種の専門店も大型化し、郊外に続々と進出したため、郊外の小売店の売り場面積は図10のように急増した。

１９８４年から90年までの6年間に、市の人口は3千人ほどしか増加していないことを考えれば、これらの大型店舗の出現は、中心市街地の商業を崩壊させ、住宅地の近隣型店舗の競争力を奪い、マイカー交通での買い物というスタイルを加速度的に増加させる危機をはらんでいた。

さらに、2章でも説明したように、住宅地区に商業面積を埋め込むことで移動距離の短いまちを推進してきたフライブルク市にとって、住宅地近隣で生鮮食料品などの日用品を扱う小中規模のスーパーが競争力を失うと、それを核とすることで営業を続けることができていた周辺の郵便局、銀行、診療所、キオスク、飲食店、洋品店、文房具店などが同時に崩壊し、ショートウェイシティのコンセプトそのものが維持できなくなる。

そこでフライブルク市は、一方では既得権益の保護にもなりうるが、郊外型店舗の進出をゼロにするための都市計画制度の策定に着手し、1991年に市議会は「市場と中心部の総合計画（Märkte und Zentren Konzept Freiburg）」を決議している。

この計画は、総合交通計画などと同じような位置づけで、具体的には1980年に作成された土地利用計画（マスタープラン、Fプラン2000）に従う形で、まずは、2000年までの期間中に、具体的にどの地域の、どの敷地に、どれだけの小売店の売り場面積の進出を許可するかをとりまとめた。さらに具体的に「どの」売り場面積が、「何を」売る店であるかも規定した。

つまり、①中心部に適した品揃えの店と、②中心部でなくてもよい品揃えの店に分け、日用品や準日用品はすべて住宅地内や中心市街地で供給し、非日用品を取り扱う店舗のみ郊外へ進出を許すように販売・サービス品目による規制をかけたわけだ（表1）。

この計画の決議後のフライブルクでは、日本の郊外大型店舗などで取り扱っている商品（生鮮食料品から衣料、家電、本まで）のほとんどは、指定された場所、つまり住宅地内と中心市街地、およびその近隣でのみ取り扱うことが許可されるようになった。

表1　フライブルクの「市場と中心部の総合計画」で定められた、中心部とそれ以外の品揃え

中心部に適した品揃え		中心部でなくともよい品揃え	
工作用品	ミシンと関連商品	シャワー・浴槽関連品	配管・配線関連商品
切花	ビデオ	建材部品	自動車と関連商品
切手	衣類	木材	キッチン
書籍・雑誌	メガネ類	照明器具	日よけ
礼拝用具	整形外科用品	ドアなどの金具類	柵
ドラッグストア品	紙類と文房具類	床材	石油商品
電気用品	医薬品	ボートと関連品	家具
精密機械用品	陶磁器	燃料	オートバイ
カメラと関連商品	自然食料品	ストーブ	原木
カーテンと関連商品	アクセサリー	キャンプ用品	植物(鉢物)
プレゼント品	靴と修理関連	コンピューター	鉢類
飲料	学校用品	鉄製品	肥料
ガラス製品	銀製品	土	芝刈り機
インテリア用品	遊具	自転車	シャッター
繊維商品(家庭用)	スポーツ用品	塗料	ブラインド
鋼鉄製品・磨き品	武器	タイル	衛生陶器類
狩猟用品	生地・反物など	庭用の小屋	じゅうたん
食品と嗜好品	繊維製品(衣類など)	金網	泥炭
化粧品	ペットと関連商品		工具
毛皮加工品	羊毛		
美術品	音楽媒体	〈場合によって対象〉	
裁縫用具と関連商品	時計	TV、オーディオ製品	ケース売りでの飲料
加工食品	皮衣類	白物家電	大型スポーツ用品
洗濯・掃除用品	シーツ・ベッド用品		

(出典：Stadt Freiburg, *Märkte und Zentren Konzept Freiburg*, 1994)

さらに、たとえば郊外に立地するIKEAのような大型家具店では、非日用品の家具のほかに、カーテンなど繊維類や食器類、電球など日用品も複合した形の品揃えで店を構えている。そこで追加的に「補助的な品揃えに関する規定」を盛り込み、中心的な販売品目のほかに、サービスを向上させる目的で補助的な品揃えを提供する場合、売り場面積に対して1割を超えてはならず、かつ最大でも400平方メートルを超えてはならないと規定した。

*

このように、①住宅地の人口密度の確保、②移動の目的地を中心

部にするという規制（人が放射状に移動するため）、そして③電力・エネルギー部門の利益からの大きな財源の確保、という前提条件を揃えているからこそ、人口23万人という都市であるにもかかわらず、フライブルクの路面電車は日中7分間隔で切れ目なく走り、深夜まで運行できている。

もちろん、これと同時に、マイカーの利便性を意図的に損なわせたり、抑制したりする政策もこの成果に大きく影響している。しかし、公共交通を推進する交通政策をある程度成功させるために必須の前提条件とは、何より「都市計画」「住宅地計画」「財源」の三つを揃えることである。この三つすべてがある一定レベルで整備されていないままに、路面電車を無理矢理通しただけでまちが活性化することはない。それでは市民はマイカーから路面電車に乗り換えることはないし（不便なので）、運営に莫大な費用がかかる路面電車は、乗客不足によってさらに公共の資金を食いつぶすだけになる。

渋滞は交通問題ではない

ここでもう一つ、ドイツ語圏のオルタナティブな交通工学における言論を紹介したい。

「渋滞は交通問題ではない」。

これはウィーン工科大学の教授で、交通工学・交通技術研究所所長を務めたヘルマン・クノーフラッハー教授のコメントである。彼は、都市や地域内における「自動車（Automobil, Fahrzeug）」に対して、本質をついた単語「不動車（Auto-Immobil, Stehzeug）」を提唱している。

このクノーフラッハーの著書『*Stehzeuge*（不動車）』（Bohlau）は残念ながら日本語に訳されていないので、そこから二つの重要な指摘を引用し、解説することで3章のまとめとしたい。

○引用1：『*Stehzeuge*』（22ページ）

（前略）移動・交通の研究における指標値として、いわゆる「モビリティ指数」が算出されている。これはある市民1人が、1日で、どれだけの移動を行ったのか回数を調査したものだと考えればよい。移動分析における統計では、1人1日あたり2・5回から3・5回の移動を行っていることが示されている（この数字では住居の外に出かけることを移動と見なしている）。この数字が多少変動することは、その数字を求める手法の違いと、何をもって移動とするのかの定義の違いに起因している。

ここでとりわけ注意を引くことは、これらの移動回数の数値は、急激なモータリゼーションの前と後という時代の変化によっても根本的な変化が見られないことである。

これらの研究からは、明らかにモータリゼーションの進展度合い（交通手段の変化）とモビリティ（移動）との相関関係はないと結論づけることができる。

現在、観察されているモビリティの微増傾向は、どちらかというと時代背景の移り変わりによって、世帯あたりの家族構成が急激に減少してきたことに原因を求められる。

現在、都市で支配的になりつつある1人暮らしを営む人間は、社会的な交流を住居の外で行うようになっており、統計の数字に変化をもたらしている。多人数の世帯であれば、社会的な交流は部分的には住居の中で済ますことが可能であり、その上、買い物などは家族で効率的に共同で行うことによって、移動回数を回避することが可能である。（後略）

○引用2：『*Stehzeuge*』（34〜37ページ）

（前略）我々すべての人間は、AからBまでの距離をすばやく移動することによって（ゆっくりと移動することよりも）、時間を「節約」できることを知っている。交通インフラ整備に関するすべての投資の根拠は、常にこの効果、つまり「時間の節約」という便益を（費用対便益計算によって）拠り所にしている。

世界中のすべての道路建設の計画者や行政、すべての鉄道計画者や経営者、そしてもちろん世界銀行においてさえも、交通インフラへの投資判断は、この便益について、つまりどれだけ「時間を節約」できるのかを予測して行われている。この時間の節約とそこを移動する交通量を掛け合わせたものが、合計された節約時間量となるのだ。そして、この節約時間量をそれぞれの国の（時間あたりの労働対価から導きだされる）金額に換算し、それがほ

とんどすべての便益とされている。（後略）

（注：この便益は日本でも、世界中どこでも、道路建設などの際には、必ずインフラ投資と維持管理の費用を上回っていなければならないとされている。）

（前略）それでは、（これまで交通に莫大に投資することで）節約された時間はどこに消えたのであろうか？　もし社会が交通インフラへの投資によって時間の余裕をより多く確保したのであれば、その社会はより豊かなものになっていなければならない。つまり、より迅速な交通システムを所有するようになった社会は、理論上、より（時間的にも、質的にも）豊かなはずである。

私がこのロジックについて講義を始めると、普通は受講者たちの嘲笑を誘う。とりわけ過去と現在の違いを知る年長者にウケが良い。それゆえ人の感覚は、合理的に考え抜かれた交通工学の理論とは、つまり表面上はすべてに間違いがないように思われる計算式とは、異なる結論を導きだしているといえる。（後略）

（前略）この矛盾を説明するためには、今では世界中で周到に準備されている移動に関する数多くの研究資料を一目見ればよい。そこには驚くべき内容が記されている。

それは異なる個人的な交通手段で移動をする人びと、つまり徒歩移動者、自転車移動者、オートバイ移動者、そしてマイカー移動者たちが、交通のために消費する移動時間は常に一定であり、それればかりか、その移動のための内訳（目的）すらもほぼ同じ内容であることだ。人びとは、その移動のスピードにかかわらず、同じ移動時間を生活システムの中に組み込んでいるということである。**それゆえ、前述した節約されたはずの時間の合計とは、常にゼロであり、それは交通のスピードが変化しても変わることがない。**（後略）
（前略）つまり、移動システムのスピードが上昇すると、それは移動時間を短縮することにはならず、単に移動距離を増加させることになるのだ。（後略）
（前略）その際には、常に二つの現象が発生する。居住地の拡散と交通量の集中という現象である。行動半径は広がり、人は自身の特定の希望をより安易に叶えられるようになる。そのようにして、自然の中で暮らし、都市で仕事ができるようになる。都市のスプロール化はプログラムされているのだ。都市は無制限に拡大し、農村はその機能を失う。そして我々は、この現象を観察し、嘆いている。（後略）

このようにクノーフラッハーは、自動車や高速幹線道路、高速鉄道といった、システムのスピードを上昇させたことによって、失われる物事（地域の特徴や経済力、多様性）と発生する事象（高度な都心部の成長と地域文化や地域経済などの単一化、環境破壊、グローバル企業の一方的勝利など）を説明している。また彼は、「ストロー効果」についても触れている。Aという都市とそれよりも規模の小さなBという地域を高速でつなぐことによって、AがBの経済力、労働力、購買力のすべてを吸収してしまう状況、またBの多様性が崩壊し、すべてがAと同様、もしくは劣化コピーされた単一社会として変化してしまう事象を説明している。

この問題で滑稽なことは、より規模の小さな、将来すべてを吸われてしまうBの市民、行政、そして政治家が諸手を挙げてAと高速で結ばれることを強く望んでいることである。Aの市民は、Bとつながることに関心がないにもかかわらず。

現在日本のリニア新幹線の停車駅を巡って繰り広げられている議論を見ると、その滑稽さがよくわかる。さらに性質（たち）の悪いことに、一見勝者に見えるはずのAにおいても、都市の規模は肥大、拡散することで、いわゆるスプロール化による中心部の商業機能の崩壊、郊外大型店の進出、車両交通の集中、それに伴う労働と居住の乖離現象、家庭崩壊、そして来るべく超高齢化社会には生活サービスの難民化という問題が発生する。

１９７０年代、欧州の交通工学の世界では異端児ともいえたクノーフラッハーの理論は、スイスなどでいち早く理解され、現在では交通計画を策定する際の基本理念とされているところもある。

加えて、彼はウィーンのケルントナー通りの歩行者天国化を提唱し、ウィーンの自転車専用道路網を提案した。70年代初頭の提案当時は、歩行者天国にすることで通り沿いの経済は崩壊する、あるいはもともと石畳の歴史があるウィーンには自転車文化などなく、市民に受け入れられないと一笑されていたが、現在ではこの二つのアイデアは実現化され、オーストリアでもっとも成功した交通計画の事例として紹介されている。本書で紹介する欧州各都市の先進事例も、そのような「嘲笑→敵意→無視→称賛」という段階を踏んで評価されるようになっている。

「渋滞は交通問題ではない」。都市内において渋滞するような地点があるからこそ、交通の速度は落とされ、他の交通機関に乗り換える可能性も生まれる。交通速度を落とされた市民は、移動に対してより多くの時間を割くようになるわけではなく、移動距離を短くすることで生活スタイルに組み込まれたこれまでと同じ移動時間で行動する。

つまり、渋滞や低速度の自動車交通によってのみ、移動距離を縮めたまちづくり、ショートウェイシティが実現可能となるのだ。そのためには、自動車交通を居住エリアと切り離し（分離化）、静穏化することも必要だ。そうすることで自転車交通もより機能する。コスト負担の大きな公共交通でさえ、やがては機能するようになるかもしれない。

これまでの都市は、限られた面積しかない貴重な都市空間を、本来は問題ではなかった「渋滞（＝単に市場原理によって、マイカー交通の速度がこれ以上上昇してはいけない場所で、その圧力分だけ速度が低下する現象）」を解決するために拡大してきた。より多くの都市空間を車のために割いてきたのだ。

都市における渋滞問題を、交通スピードの増加ではない形での解決、つまり貴重な都市空間を歩行者に、自転車に再配分するという取り組みが日本でも実現しない限りは、6章で後述するような新しい交通のしくみや新技術を導入したとしても、来るべき2025年に発生するであろう問題を解決することはできないし、ましてや地域経済を活性化することはできない。

4 章

マイカーを不便にするコミュニティのデザイン

道路を暮らしのための空間へとり戻す

暮らしから自動車を切り離す

これまで説明してきたように、ドイツでは中心市街地を起点にコンパクトにまとまった集合住宅に高い人口密度を誘導する「ショートウェイシティ」に取り組んでいる。それにより、人びとは多少窮屈な生活を強いられることになるが、1章の青森市とフライブルクの航空写真の比較（1章図1、2参照）で明らかなように、住宅エリアに十分な緑地を整備したり、建物の向きを揃えたり、無駄な空間をつくらず、高密度であるにもかかわらず、生活環境の質を落とさないためのさまざまな工夫がされている。その結果、高い人口密度が保たれていることは、常に近隣で買い物など日常サービスを享受できることを保障する。

こうしたショートウェイシティの取り組みと並んで、市民の生活環境の質を高めるためにもう一つ重要な取り組みが、自動車交通と暮らしをできるかぎり切り離すことである。

具体的には、たとえばフライブルク市では、交通政策の5本の柱において、自動車交通の静穏化と居住エリアと車の分離化、車を幹線道路に集中させる結束化を掲げている。つまり、時速40〜50キロメートルあるいはそれ以上で車が通行する道路は、できるかぎり集約し（結束化）、居住エリアを迂回するようにして（分離化）、居住エリアの車の通行量と速度を低減させる（静穏化）政策だ。

ドイツをはじめとする欧州の都市では１９８０年代の後半から、居住エリアにおいて、車の速度を時速30キロメートルに制限する「テンポ30ゾーン（Tempo 30 Zone）」と呼ばれる手法で、静穏化を図ってきた。同時に１９８０年代の初頭からは、車の交通量が少なく、住居が密集するような通りでは、歩行者と自転車、自動車、そして道路で遊ぶ子どもが平等な権利を有する「遊びの道路（正式には交通静穏化区間）」を設置できるようにした。

前述したように、静穏化、結束化という交通対策は、公共交通や自転車交通を推進することによって自動車の交通量そのものを低減させる意図がなければ機能しない。何度も繰り返しているように、核家族化が進行した今の時代に戸建て住宅を並べて住宅地の人口密度を低くし、移動の目的地を郊外の幹線道路沿いに乱立させるような自動車交通ありきの社会構造になることを防止しなければ、単なる不便なまちとなってしまいかねない。

逆説的にいうならば、もしある地域で今の時代に戸建て住宅を推進するのであれば、アメリカの郊外型都市のように、交通はマイカーのみで担うべきであり、マイカーに乗れない交通弱者を切り捨てる社会を潔く良しとし、マイカーで移動しやすいまちをつくるべきである。そして、交通弱者はお断りという内容を市民全員に広く周知して理解を得るべきだ。それ以外に、人口がますます減少し、コスト負担をこれ以上増やせない自治体には手の打ちようがない。

ここでは、そういうまちにはしたくない人々のために、ドイツだけでなく、オーストリア、スイス、そしてオランダで実施されている道路の静穏化の取り組みについて紹介してゆく。

テンポ30ゾーン

アウトバーンに代表されるように、高速の自動車交通で知られるドイツだが、居住エリアでは日本以上に低速の交通を実現している。その代表的な取り組みは、「テンポ30ゾーン（Tempo 30 Zone）」と呼ばれる、居住エリア内の交通をすべて時速30キロメートルに制限する取り組みである（図1）。

高度成長期にはドイツでも交通戦争が起こっていた。とりわけモータリゼーションが進んだ1950年代後半から70年代までは、交通事故による死者数が急増し、1970年にはピークに達し、年間2・1万人が亡くなっている。その後、この数字は1980年に1・5万人、1990年には1万人の大台を割り減少してゆく。2015年現在は、交通事故によって年間3459人が亡くなり、約40万人が負傷しているが、その原因のほとんどは自動車のスピード超過による人災である。ちなみに、国際的な統計でも同様だが、ドイツでの交通事故による死者とは事故から30日以内の数字を指し、日本のように事故から24間以内の即死の統計を強調することはしない。

ここで少し説明を加えると、このドイツにおける3459人の死者の内訳は、歩行者が537人、自転車利用者が383人であり、交通事故による死亡者のほとんどは自動車の利用者で占められている。歩行者が亡くなる割合は全死亡者中の15％、自転車の利用者の死者は11％だ。

ドイツの交通死亡事故は入植地内では全体のわずか10％しか発生しておらず、地域と地域をつなぐ郊外型道路で51％、アウトバーンなどの高速道路で39％発生している。居住エリアと自動車道路を分離し、自動車交通が結束化され、居住エリア内を静穏化する対策が功を奏しているといえるだ

図1　ドイツのテンポ30ゾーンの標識

ろう。

それに対して日本では、交通事故死者数（30日以内）はドイツと同じ水準の人口10万人あたり約４人ではあるが、走行距離数あたりでは日本の方が死亡する割合が高い。また、２０１５年の交通事故死者数４８５９人のなかで、歩行者が１８１２人で37％と最大の割合を占めている。これは欧州諸国と比較しても完全に異質であり、日本では郊外道路ではなく、入植地内で死亡事故が発生し、その際には歩行者が犠牲になっている。ちなみに自転車利用者の死者数は７６０人、全体の16％であった。

ここで、１章で紹介した青森市とフライブルクの都市計画の違いを思いだしてほしい。ドイツでは郊外の整備された道をかっ飛ばすことによって自爆的に死亡する自動車運転者（車体はますます強靭になる）というのに対して、日本では、計画性のない都市計画によって安全な交通インフラが存在しないため、居住エリアで轢き殺される歩行者・自転車利用者（車を強靭につくってはいけない！）という両国の図式が理解できるはずだ。

さて、話を元に戻そう。１９８３年、ドイツのブクステフーデでモデル実験事業として、はじめてテンポ30ゾーンが導入された。理由は3点あるが、一つはとりわけ学童の通学を対象とした交通安全性の向上、もう一つは大気汚染、騒音など自動車交通によって引き起こされる環境被害の緩和、そして最後は居住環境、路上の滞在環境の向上である。

この取り組みは大きな成果をあげ、1980年代中ごろになると、すでに数多くの自治体の住宅地でこのテンポ30ゾーンが導入され、1990年までにはドイツ全土、ほぼすべての自治体でこの制度が広く取り入れられた。

テンポ30ゾーンでは、道路交通法規の原則（前方右側からの通行優先、譲りあいと相互配慮）が最優先され、その他の交通標識やマーキングをできるだけ排除することが推奨されている。こうした規制の排除措置によって、自動車交通の優先意識を排除することが狙いである。これは、いわゆる「スケートリンクの原理」（後述）であるが、これを究極まで追求したものが次節で後述する「シェアド・スペース（Shared Space）」と呼ばれるものである。

ドイツの遊びの道路と交通静穏化区間

さらにドイツでは、道路交通法規によって、さまざまな交通静穏化の対策を指定している。

まずは、「遊びの道路（Spielstraße）」について説明しよう。ドイツの道路交通法規においては、この遊びの道路についての直接的な記述は見当たらないが、それを補填する道路交通法規のための行政規則（VwV-StVO）の41条によって、異なる道路交通標識を組み合わせることで「遊びの道路」を実現することが可能だ。具体的には、車両交通進入禁止の標識２５０と追加標識Z-1010-10の組み合わせである（図2）。標識２５０は、「完全に車両交通の進入を遮断することで、子どもが遊んだり、歩行者が道幅一杯を利用することを妨げない」標識であり、追加標識Z-1010-10とは、「子どもが道幅一杯、路肩まであわせた走行帯をすべて使って遊ぶことを許す」標識で、その組み合わせによって整合性が図られている。

しかし、この本来の正式な「遊びの道路」は、その通りに居住する住人の自動車や自転車であっても一切の進入を禁止してしまうので一般的ではなく、特殊なケースを除きほとんど存在しない。

図2　ドイツの標識 250 と追加標識 Z-1010-10 による「遊びの道路」への進入部分での表示方法

図3　ドイツの交通静穏化区間を示す標識 325

その代わり、もう少し規制が緩やかで、使い勝手のよい交通規則がある。１９７７年に発案され、１９８０年から正式採用されている「交通静穏化区間（Verkehrsberuhigte Bereich）」である。ドイツで一般に「遊びの道路」と呼ぶときには、こちらを指す。交通静穏化区間は道路交通法規42条で規定され、標識３２５は以下のような規則を道路に与える（図３）。

- 歩行者は道路幅一杯を利用して通行することを許し、子どもの遊びは道路上どこでも可能とする。
- 進入する交通は、歩速（いわゆる最徐行）でこの通りを通過する。
- 進入する交通は、歩行者や子どもの遊びを危険にさらしたり、妨げることは許されない。必要であれば停止し、待機する。
- 歩行者や子どもの遊びは、必要以上に進入する交通の通過を妨げてはならない。
- 駐車はマーキングなどで定められた場所においてのみ可能であるが、停車はできる。

また、これは居住者だけの道路ではないため、トラックや居住者以外の車両交通の通過が認められている。そのため、多くの交通静穏化区間では、一方通行や袋小路にするなど、交通量が増えない工夫がされている場合が多い。

フライブルクの交通静穏化区間（提供：藍矢）

さらに、この交通静穏化区間を設置する際には、通りへの進入時に十分にスピードを落とすような道路インフラ設備を設置する必要がある。たとえば、段差を設けたり、道路上に大きなマーキングを施したり、石や大きな植栽の鉢、街路樹などで進入部の路幅を狭めたりする措置である。ただし、自転車交通や高齢者の通行を危険にさらしたり、緊急車両の進入を困難にする恐れもあるため、この設備の基準に関してはドイツ全土での足並みは揃っていない。

こうした居住エリアの道路を静穏化し、居住環境の質の向上を図る取り組みは、1971年にオランダのデルフトで発祥した「ボンエルフ（Woonerf：生活の庭）」に起源がある。自転車交通をはじめ、オルタナティブな交通の先進国でもあるオランダは、欧州の交通工学者たちに非常に強い影響を与えているが、ドイツでは前述したように1977年から実験が開始され、1980年には完全実施へと結びついている。

オランダのボンエルフの取り組みは日本でもすでに広く紹介されているので、ここでは紹介しないが、その他のドイツ語圏の取り組みについて以降で紹介したい。

オーストリアの居住道路

オーストリアでは、この交通静穏化区間を「居住道路（Wohnstraße）」と名づけており、道路交通規則76条bで規定されている（図4）。

ドイツの交通静穏化区間と交通標識は似ているが、その中身には大きな違いがある。居住道路への車両の進入は、沿道居住者と、宅配、郵便など居住者へのサービス提供者のためだけに許可されており、通り抜け交通は進入できない。通行速度はドイツと同じように歩速（最徐行）である。

スイスの出会いのゾーン

スイスではオランダのボンエルフの取り組みを解釈し、オーストリアの規制と似たような居住道路を１９８０年代に取り入れた。

しかし、通り抜け交通の進入禁止やその他の道路のインフラ設備（縁石、マーキング、信号など）の撤去、交通看板やインフラの新設、駐車帯の取り扱いなど、導入のためのハードルが多く、新興住宅地など完全に新しく計画する場所以外ではなかなか普及しなかった。

図4　オーストリアの居住道路の標識 Z9c

これはスイスに限ったことではなく、欧州諸国に共通して見られる現象である。第一次静穏化ブーム（１９８０〜90年）の終焉とも表現できるが、歩行者の死亡事故の減少によって、あるいはテンポ30ゾーンの大量導入などで、ある一定の静穏化が進んだことで、社会はこのテーマへの興味を失ったのである。

その後、スイスでは「省エネルギープログラム２０００」が国民投票で決議される。このプログラムとローカルアジェンダ21行動計画の枠組みのなかで、ブルクドルフ市において歩行者・自転車交通の推進都市プロジェクトが実施された。

1995年から実施されたこのプロジェクトでは、駅前周辺部を「ブラブラするゾーン（Flanierzone）」にする試みが導入された。目的は従来型の歩行者天国に対するオルタナティブ、別の選択肢を示すことであり、動力付き車両であっても制限を受けながら通過することができるが、同時に商業エリアとしての「ブラブラ」の魅力を向上させるものであった。当初は、数多くの懐疑論、反対意見も噴出したが、最終的には通行者、商店街の双方から高い評価を受けている。

図5　スイスの出会いのゾーンの標識 2.59.5。もともと居住道路の標識に時速 20 キロメートル制限が追加されたもの。車が笑顔の表情に見えるあたり、ドイツやオーストリアとは違う趣がある

2001年にはこの「ブラブラするゾーン」は、「出会いのゾーン（Begegnungszone）」へと名称が変更され、2002年から正式に導入されている（図5）。2005年にはベルギーで、2008年からはフランスでも出会いのゾーンが正式に導入されており、ドイツにおいても2008年にフランクフルトで実験的に導入された。

この出会いのゾーンは、前述した交通静穏化区間や居住道路とは少し異なり、次節で説明する「シェアド・スペース」の思想により近い。一般的な出会いのゾーンの特徴は、以下の通りである。

・信号機は設置しない。交通標識も特別な場合以外は排除する。
・縁石など障害物のない道路が望ましいが、義務ではない。
・制限時速は20キロメートル。
・歩行者に優先権があるが、すべての交通は進入でき、相互に妨害をしてはならない。
・子どもの遊びは許される。
・車両の運転手は歩行者や子どもを危険にさらしたり、妨害することはできない。必要に応じて、停車もする。
・駐車は決められた場所においてのみ可能。
・出会いのゾーンは、歩行者天国にできない商店街などにおいてとりわけ有効であり、ゾーン指定すると自動車交通の量は減少する傾向がある。
・既存のインフラをすべて変更する必要がないため、交通静穏化区間、居住道路、あるいは後述するシェアド・スペースよりも安価に導入が可能である。

先に紹介した、ドイツの「交通静穏化区間」やオーストリアの「居住道路」は、居住エリアにおける自動車交通の分離と静穏化に限定された取り組みだが、スイスの「出会いのゾーン」は、居住エリアに限定せず、小規模な商店街、農村の中心部、駅前など、自動車交通を抑制することがためらわれるような場所であっても、導入できるところがポイントだ。

２０１６年には、スイス全土に５００カ所以上が設置され、そのうち駅前や商店街、中心市街地における取り組みは全体の３割程度で、残りが居住エリアで運用されている。

シェアド・スペース──交通ルールを取り去った道路

シェアド・スペースとは

スイスにおける出会いのゾーンの出現によって、欧州では現在、第二次静穏化ブーム（２０００年〜）が到来しているかのように見える。ただし、第一次ブームのころのように他国に飛び火して導入事例が続出したり、欧州全土に迅速に普及するところまでには至っていないが、自治体や交通関連のステークホルダー、住民団体などの間で、自動車交通の低速化による交通問題解決の模索はより高い段階に向けて再び活発になっている。

欧州、とりわけオランダ、ドイツ、オーストリア、イギリスといった国では、交通標識やルールのない道路空間を意図的につくりだし、すべての交通参加者が目による合図と譲りあいというルールで機能させる「シェアド・スペース（Shared Space）」という取り組みが実験的に行われている。

前節で紹介した遊びの道路、居住道路、出会いのゾーンの取り組みは、それぞれ交通ルールが明確化されているため、道路を異なる交通手段利用者が分かちあうという思想は共通でも、これから紹介してゆく「シェアド・スペース」とは完全に区別される。

シェアド・スペースは人口の多い都市の中心部よりも、人口5万人程度の地方都市やそれよりも規模の小さな農村の中心部を貫く幹線道路において導入することで、より大きな効果を期待できる。

スケートリンクの原理

2008年に惜しくも若くして亡くなったオランダのオルタナティブ交通工学者ハンス・モンデルマンは、人間の持つ社会的な能力によって交通を円滑に通行させるという、100年前までは当たり前だった交通システムの価値を再評価した。これは「スケートリンクの原理」とも呼ばれる。

スケートリンクでは、技能、スピード、体格、そして目的や傾向の異なる多様な人びとが狭いリンク内で思い思いに滑っているが、衝突事故は多発しない。一方向のみの滑走というごく限られたルールがあるとしても、交通標識や信号、スピード制限を設けず、交通整理を行う人員を配置しなくても、事故は起こらない。

これはなぜか。理由は一つだ。常にどちらかが優先されるというルールがないことによって、お互いが常に衝突に注意している緊張状態がリンク上に保たれており（これを「目的化された不安の発生」と呼ぶ）、お互いの注意と配慮によって事故が自然に防止されているのである。

リンクを滑る者たちは、無意識のうちにアイコンタクトで自身の優先権あるいは優先順位を瞬間的に読みとり、それに従って方向やスピードを決める。もちろん、人間の瞬間的な判断力を上回るスピードや交通量をリンク上に投入した場合、あるいはアイコンタクトの読み違えや判断ミス、技能的なミス、そして他者の迷惑を顧みない反社会的な行動が起こった場合は、リンク上での事故の増加につながる。

このスケートリンクの原理とは、人間の持つ社会的な能力によって、事故を発生させず、快適で円滑な交通を可能にするものである。

交通の分離化

１００年前、あるいは高度成長期より前、またはモータリゼーション以前の道路交通の状況を思い浮かべてほしい。映画「三丁目の夕日」の路地の情景、歌川広重の描いたような江戸時代の街道、あるいは欧州中世の馬車社会の道路を思い浮かべていただくとよい。この時期には、交通の機能による分離がシステム化されておらず、当然のことながら、通行者はそれぞれの社会的な能力で事故を避けるべく道路を利用していた。

歴史上、交通がはじめて分離されたのは、徒歩とは速度の異なる自転車が欧州、アメリカに普及したときである。このとき、人間ははじめて自分の足以外の交通手段を「所有」し、それによって、歩行者と自転車（車両交通）が明確に分離された。さらに、19世紀後半に自転車を改良して自動車が発明され、戦後のモータリゼーションとともに自動車が急激に普及すると、スピードを出せる交通を優先する、あるいは限られたスピードしか出せない歩行者を保護する目的で、交通を分離するシステム、たとえば歩道や縁石、信号などが広く導入されるようになった。車道と歩道、信号、交通標識、マーキングなど、現在の道路は、すべて分離化のシステムの下にインフラ整備が進められている。

この分離化をスケートリンクの原理に照らし合わせて考えてみる。スケートリンクで目隠しをしたり、サングラスをかけて滑走すれば、アイコンタクトができなくなるため、衝突事故が多発するはずだ。このアイコンタクトができない状況が、まさに今の道路で実施されている交通の分離化なのだ。

私たちの社会は、道路を分離化し、優先順位を確立することで、「目的化された不安の発生」を回避してきた。読者の皆さんのなかにも車を運転する人は、どのように車を運転して目的地まで行って自宅まで帰ってきたのかよく覚えていないことが頻繁にあるのではないだろうか。これは、車の運転時に、あまりにも優先され、分離化されているため、常に緊張状態が続いて注意を払うという行動を放棄させられてしまっているからである。

それでも、事故がそれほど頻繁に発生しないのは、すべての交通参加者が同一のルールに従って盲目的に通行しているからである。大多数の事故は、不注意や意図的にルールを守らなかったとき、あるいはインフラや道路上の空間の問題により発生する。

この分離化の大きな問題点は、自動車交通者はあまりものを考えなくても比較的安全に通行することができる一方で、それは交通弱者と呼ばれる歩行者や自転車交通者、子どもや高齢者、そして沿線の住民の負担によって成り立っているところにある。分離化という交通システムは、勝者と敗者を必然的に生みだしている。

シェアド・スペースという試みは、規則や分離という枠組みを大胆に消滅させて、勝者と敗者という区分をなくし、「目的化された不安をあえて発生させる」という交通心理学上の理論を基礎にして確立されている。

誰もが平等に道路を利用できるしくみ

先のオランダの交通工学者ハンス・モンデルマンは、こうした交通の原理、交通参加者の心理、そして交通事故を綿密に分析した成果を踏まえ、1990年代に「シェアド・スペース」という一つの静穏化の手法にまとめあげた。

2004年には、EUの「INTERREGプログラム」においてシェアド・スペースは認可され、ベルギー（オーステンド市）、デンマーク（アイビュー市）、ドイツ（ボームテ市）、イギリス（サフォーク市）、オランダ（エッメン市、フリースラント州、ハーレン市）の七つの自治体において大々的に実験されている。ちなみにINTERREGプログラムとは、EUとEFRE（欧州地域開発ファンド）とが共同して、国境を越えた地域活動を推奨するプログラムで、通常はプロジェクト投資額のうち、EUが2分の1を助成し、地域が残りの2分の1を負担する。

シェアド・スペースにおけるルールは、二つのみ。道路交通法規に示されている「相互配慮、注意」と「右側通行と前方右側からの通行優先（欧州で一般的な交通原則）」である。

また、シェアド・スペースを実施する道路は、標識、信号、横断歩道、歩道、縁石、自転車レーン、中央線など、分離化を促す交通インフラをすべて取り除き、平坦で境界のない空間をつくる必要がある（プロジェクトへの投資の大半は分離化施設を取り除くために使われる）。つまり、自動車と自転車、徒歩、車椅子など道路を利用するすべての人びとが平等に道路を利用する。もちろん、シェアド・スペースの入口にはそれを告げる標識は立てない。看板を立てることによって、目的化された不安が発生しなくなることを避けるためだ。

ボームテのシェアド・スペース

ドイツにおけるシェアド・スペースの一例を紹介しよう。

ドイツ北部に位置するボームテ市は、人口1・3万人の小さなまちであるが、まちの真ん中を貫通する州道には住民と同じ数の車が毎日通過している。また、近隣のまちが工業団地を設置しているため、トラックの割合が交通量全体の1割（1300台／日）を占める。

ボームテでは、平日の通勤時間と木・金曜日の午後から夕方にかけて、中心市街地の三叉路交差点の信号を基点に車が数珠つなぎになるのが通例で、沿道住民の居住環境は悪かった。

市の周辺には農地や森林、炭鉱の跡地があり、土地に余裕があるので、通常であれば州道を付け替えて、郊外にバイパスを通し、中心市街地の交通負荷を削減して終わりになるケースである。そして実際に、そのような迂回路となるバイパスが1本建設されている。

しかし、主に5方向から放射状に集まる車の多くは、少し遠回りとなるこの迂回路のバイパスを通らず、まちの真ん中を走る従来の州道を通り抜ける状態が続いていた。このバイパスに完全に交通負荷を移すためには、さらなる道路の付け替え工事が必要となるが、そうすると今度は付け替えられた道路沿いや沿線の郊外地域、近隣自治体に悪影響を及ぼす。つまり、単に負荷を外に押しやるだけでは、本当の解決とはいえない。それゆえ、道路の付け替えに関する計画は過去に8案も出されたが、周辺住民の反対に遭い、どれも決め手に欠けるという状況が続いていた。

そんななか、2002年の市長選で、交通問題の解決に消極的だった現職市長に代わって、若手で改革意欲溢れるクラウス・ギョーデヨハン氏が当選を果たした。彼は、EUが支援する「シェアド・スペース」プロジェクトが市の交通問題の解決の決め手になると直感したという。

まず手始めに、議会や市民の説得にかかるため、シェアド・スペースの生みの親であるハンス・モンデルマン氏をオランダから招聘してシンポジウムを開催した。市が長年抱えていた交通問題を解決することに対して、市民の関心を高めようとしたのだ。

同時にEUにプロジェクト参加を申請し、認可されると、ボームテ市は2004年から「拡大住民参加」という手法によって、どのようにこの州道をシェアド・スペースにするかを議論し、市民の手で計画を策定することに着手した。

ドイツの連邦建設法をはじめとする都市計画諸法では、「情報公開」「意見収集」「検討」という住民参加を義務づけているが、情報を公開する際にはほとんど計画の概要が決まっているのが通例で、ここに住民が多少の口を挟む形とされている。拡大住民参加とは、住民の声を入れて計画を策定す

ボームテのシェアド・スペースの三叉路。ロータリー内の通行の仕方に決まりはなく、誰がどこを通過しても構わないが、相互配慮は絶対である

る手法で、成功すれば市民の満足度は高い。しかし、成果に結びつかない場合もあり、当然ながら時間も費用も多大に必要とされる。

ここでは地域外から中立の立場で関われるプロのファシリテーターを招聘して四度のワークショップを行い、数多くの住民会議を開催した。そのワークショップや住民会議に対して、行政は白紙の計画で臨んだ。拡大住民参加を成功させるために守らなければならない第一の前提条件を忠実に守ったわけだ。

拡大住民参加が成功するかどうかのポイントは、行政が住民の意見を本気で計画に反映させる意思があることを市民が強く感じるところにある。行政と住民の努力の結果、「これこそが自分たちが計画し、自分たちが利用する空間だ」と大多数のボームテ市民が思える計画が完成した（図6）。

行政が、ここで拡大住民参加という手法を導入した一番の理由は、前段階でコストや時間がそれなりに追加で

図6　ボームテのシェアド・スペースの計画図
（出典：Stadt Bohmte）

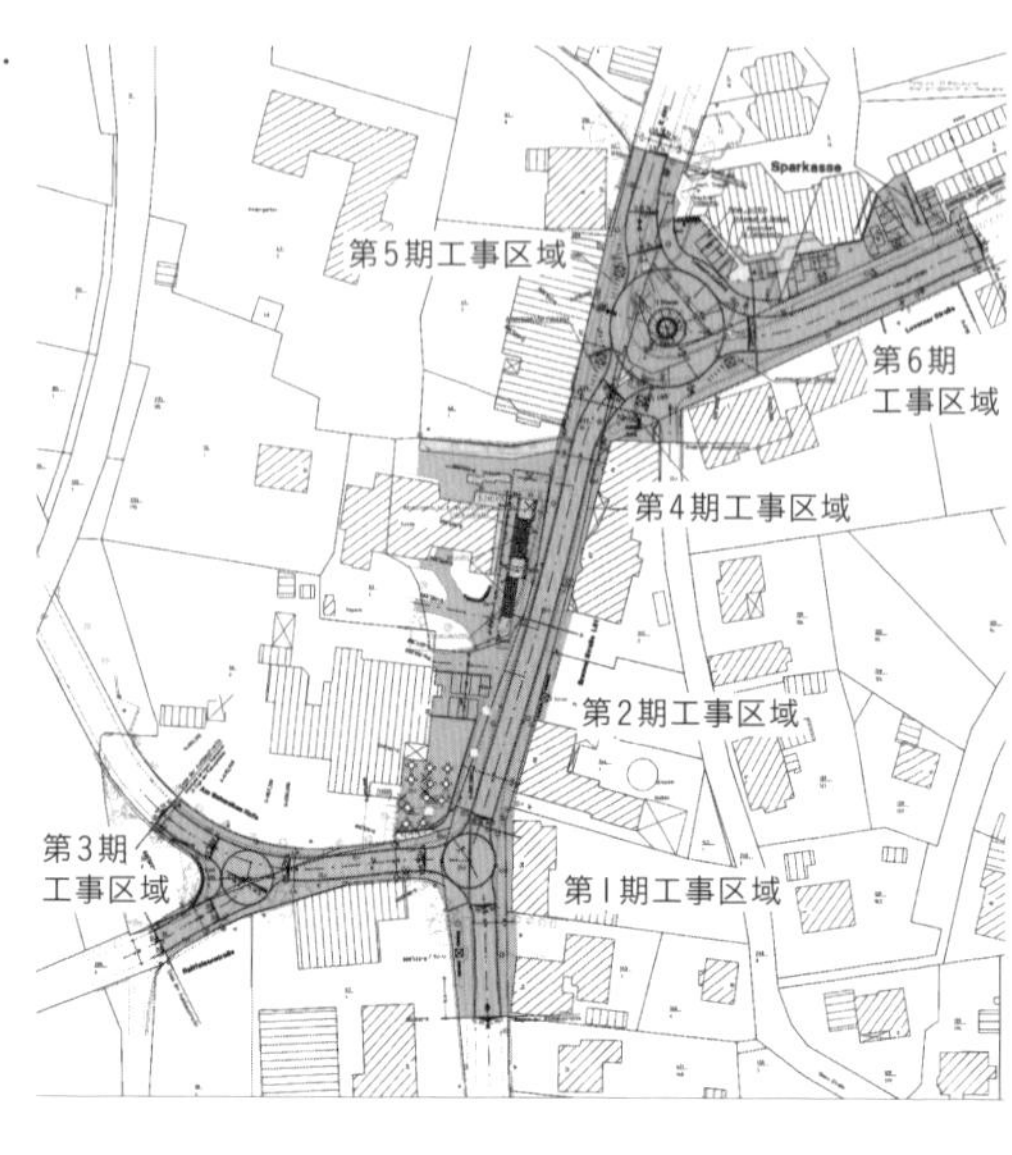

かかったり、合意に至らない可能性はあるものの、計画が確定した際には圧倒的に市民の支持を得られ、市が一丸となって取り組めることがまちづくりにとって大きなメリットとなると判断したからだ。

このようにして、2007年5月から1年間をかけて、全長およそ500メートルの改修工事が行われた。改修の延長距離自体は短いが、三叉路の交差点でもっとも交通負荷が大きい部分、かつ市内でもっとも小売店と公共施設が集中しているところにシェアド・スペースを導入したため、距離では表されない意義がある。そして、工事は2008年5月に完成を迎えた。

シェアド・スペースの効果

ボームテの事例でまず注目すべきことは、信号がなくなり、交差点にはルールが存在しなくなったにもかかわらず、渋滞が解消され、交通の流れがよりスムーズになったことだ。これにより、沿道沿いの住民の居住環境は大幅に改善された。

２００９年に実施された住民アンケートでも、騒音・大気汚染の減少、渋滞の緩和、歩行者・自転車交通者にとっての道路の品質向上、沿道の居住環境の向上、公共空間の憩いの創出など、すべての項目がシェアド・スペースによって改善されたと評価されている。

しかし、安全性の向上という項目では、改修の前後で市民の評価は変わらなかった。シェアド・スペース導入前後の事故に関する調査によると、導入の結果、人身事故は減少した。ただし、とりわけ沿道のレストラン前などで道路脇に車を駐車させる際、縁石がないためにバックで街灯に衝突したり、駐車する車と出てくる車が出会い頭に接触するなどの物損事故が増加し、交通事故件数そのものは増えている。しかし、物損事故の被害総額自体は大幅に減少しており、これは自動車交通が総合的に低速化したためだろう。

また、空間をアスファルト舗装からすべてブロック敷きに変更したため、夜間に高速でここを通過する車の騒音は増大している。しかし、この州道は制限時速50キロメートルの道路であるが、日中、ほとんどの車はこれを大幅に下回る速度で通過するようになった。時速制限の標識がないにもかかわらず、というよりも、そうした表示がないことが、かえって自動車交通者の不安を増大させ、速度の低下につながったわけである。

それゆえ、自転車と歩行者による通行は快適なものとなり、1日1・3万台の交通量だった幹線道

シェアド・スペースの入口には、優先順位の変更を告げる標識だけが掲げられている

路は、ある一定のレベルではあるが、社会福祉的な機能を持つ空間へと変化している。

繰り返しになるが、このシェアド・スペースに進入する車には、何一つ特別な情報は与えられない。シェアド・スペースの入口に小さな「優先順位変更」の交通標識が立っているのみである。したがって、地元住民以外には、何のことかよくわからないままブロック敷きの雰囲気の変わった道路へ進入し、交差点近くに来ると、突然その交差点がこれまでに経験したことのない空間だと気づく。そこで、どのようなルールでそこを通行していいのかよくわからず不安になる。不安は注意力を増大させ、交通スピードを減少させ、他者への配慮を生みだす。

ドイツの道路交通法規では、以下のような基本原則が明記されている。

- 第1条(1)　道路交通への参加者には、間断なき注意と相互の配慮を要求する。
- 第1条(2)　すべての交通参加者は、他者に危害を加えない、危機感を与えない、そして可能な限り、障害にならない、負荷を与えないように行動するものとする。

しかし、現在の社会は、交通の分離化によって、そうした道路交通法規の基本原則は形骸化し、通常は忘れられてしまっている。シェアド・スペースでは、自動車交通に対して、その基本原則を無意識のうちに強要するのだ。

もちろん、地元の住民やこの道を何度か通った者は、このシェアド・スペースがどのようなルールで運営されているのかを知るようになる。ただし、そのルールとは、「相互配慮、注意」と「右側通行と前方右側からの通行優先」だけであり、その対象は、歩行者であっても、自転車であっても、車椅子であっても、車であっても、交通参加者であれば皆平等だ。また、他者への配慮がなされていれば、道路での駐停車も許されている。駐停車は、交差点や道路の真ん中であろうとも、法規上の問題はない（ただし、相互配慮しながら、道の真ん中に駐車するのは至難であろうが）。

オランダではシェアド・スペースの導入がかなり進んでおり、ドラハテン市では小さな事故が増加し、ハーレン市では事故は減少したと報告されている。このシェアド・スペースは世界的にはまだ導入実績が少なく、評価は確定していない。しかし、一般的に欧州では、懐疑論や否定的な見方はあるものの、概ね好意的に捉えられているようだ。その結果、その定義や実施のレベルは一定ではないものの、２０１６年までに12カ国、１００カ所以上で実施済みもしくは進行中である。

シェアド・スペースの課題

シェアド・スペースの基本原則は、交通事故による訴訟の際、これまでの判例に従う法的判断を迷わせることが起こりうる。たとえば、交差点に駐車していた車が事故を誘発したとする。その場合、すべての交通参加者には優先権がないわけであるから、「どちらがより相互配慮と注意を怠ったか」が法定で争われることになる。保険の支払いも非常に難しくなる可能性があり、シェアド・スペースを巡る議論は、交通工学者や法律の専門家などの間で今も続けられている。

つまり、これまで紹介した交通静穏化区間、居住道路、出会いのゾーンとは異なり、シェアド・スペースには、こうした社会の枠組みを問い直さなければならないほどのインパクトがあるわけだ。

ボームテのシェアド・スペースで唯一、徹底できなかったこともある。それは、地元の視覚障害者協会から要請された視覚障害者を誘導する点字ブロックの導入を拒めなかったことだ。視覚障害者はこの点字ブロックによって安全に通行できるようになったが、自動車や歩行者、とりわけ子どもがブロックを分離のルールと認識してしまっている。歩行者は他の交通に配慮さえすれば、ブロックの外側、あるいは道の中央であっても自由に通行できる権利を持つが、多くの歩行者はこのブロックを目安にその内側の狭い空間を通行するようになってしまっている。また、ブロックを頼りに走行する自動車もあり、交通の分離化を誘発している。子どもや視覚障害者などの通行について、今後、この問題にどう対処してゆくのか、新しい発想が必要になる。

最後にもう一点。このシェアド・スペースは、交通量を緩和するための措置ではないことを強調しておきたい。交通量を削減するためには他の措置が必要であり、ボームテでも改修前と同じ量の交通がこの州道を通過している。

ボームテのシェアド・スペースに設置された視覚障害者を誘導する点字ブロック

実際に私がこのシェアド・スペースに面した宿に泊まり、数日滞在した経験では、夜中になっても車は減少せず、早朝からの激しい交通量には驚かされた。また、人通りが少なくなる夜間には、車のスピードが増加することも確認した。

しかし、だからといってこのプロジェクトが意味のないものであったことにはならない。地元住民へのヒアリングによると、交通負荷の激しいこの道路が、シェアド・スペースの導入によって、住民にとって少しは愛着を持てる空間に変わったのは確かだからだ。市役所とLOGIS.NET（交通・ロジスティック研究所＋サイエンス・トゥ・ビジネス有限責任会社＋オスナブリュック専科大学）が行った改修後のアンケート調査でも、市民の90％がこのプロジェクトをポジティブに捉えているし、市民も通り沿いの小売店も、買い物の機会が増加したこと、売り上げが増加したことなどを報告している。

同時に、全国から視察者が相次ぎ、まちが有名になった。私が泊まった宿のレストランでは、「シェアド・スペース定食」なるものも提供されていた。先駆者には、先駆者なりの苦労が伴ったが、地域経済の活性化につながっているし、まちづくりとしての意義は大きかった。

公共交通の空白地帯を埋めるオルタナティブ交通

人口が少ない地域において、公共交通のニーズがもっとも高まるのは、日本の場合は、1章で述べた通り、2025年ごろだと予想される。

欧州での経験によると、人口規模が5万人程度の地域において、住宅地の人口密度が100人／ヘクタール程度を目指したまちづくりをしているなら、ある一定レベルの路線、運行間隔、サービスで、公共交通を走行させることは可能である。もちろん赤字経営ではあるが、3章で紹介したように、シュタットベルケ（公益事業体連合）によるエネルギー小売販売の利益の転用、国や州の助成、税制などを活用することで、市民の足は確保されている。

しかし、日本では人口5～10万人という規模の自治体であっても、戸建て住宅を主体にした驚くほど低い人口密度のまちをつくり、同時に確たる財源措置を持たないため、域内の公共交通サービスはほとんど提供できていない。

欧州であっても、人口が1万人を下回るような農村部では、周辺の主要都市に向かうバスは、通学・通勤時、日中は1時間に1本程度の頻度で運行されているが、農村内の移動や、周辺の農村と農村をつなぐような公共交通は、私営では当然のこと、公営、第三セクターであっても運営していくことはほとんどできない。

そうしたいわゆる公共交通の空白地帯においては、マイカーを運転できない、あるいは所有していない人の移動を行政や社会福祉団体などがサポートしたり、市民活動として公共交通を提供するような取り組みが行われている。ここでは、市民バス、客貨混載、そしてヒッチハイク停留所といったオルタナティブな公共交通の取り組みについて紹介する。

バート・クロチンゲンの市民バス

南西ドイツの端に立地する、人口1・8万人のバート・クロチンゲン市（バーデン＝ヴュルテンベルク州）は、地域圏の主要都市であるフライブルクとSバーン（都市近郊鉄道）によって15分程度で結ばれている。人口増、住宅不足という社会問題を抱え続けているフライブルクのベッドタウンとして、人口が爆発的に増加しており、近い将来には人口が2万人を超えると予測されているまちだ。

もともとは温泉保養地として栄えた、人口5000人ほどの農村だったが、1970年代の州の自治体統合改革により周辺の四つの農村を吸収合併して市に昇格した。1980年代以降は、フライブルクの富裕層が戸建て住宅を構えるベッドタウンとしての性格が強くなり、現在までの30年間で人口は約6000人増加している。

保養地かつ農村的な暮らしを望んでここに移住してきた市民は、都会のような高密度な暮らしを志向しない。当然の結果として、新興住宅地は戸建て住宅が中心で、増加し続ける人口を受け入れるために市域は急速に拡大を続けてきた。

合併した周辺の旧農村と中心部とをつなぐバス交通は、行政の手厚い支援で現在も運営できているが、拡大を続けた市域内においては、それまで市が民間のバスを走らせるために支出していた助成金（約10万ユーロ＝約1250万円／年）を取り止めざるをえなくなった。

1990年代から2005年前後までのドイツ経済は不調であり、税収が伸びなかったこと、加えて、電力自由化の煽りで電力価格が急落し、シュタットベルケの収益（＝公共交通事業の補填）が消滅したことがその理由である。

その一方で、2000年に入るとローカルアジェンダ21を推進する市民グループの取り組みが活発化し、中心部のマイカー交通を削減し、市域内の公共交通の充実を目標に掲げていた。しかし、議会はバス廃止という、その目標とは真逆の決断を下した。それに対して、市民は助成措置の取り止めを撤回するべく800人分ほどの署名を集めたが、市議会の決議は覆ることはなかった。

そこで、市民グループは、人口減少という構造的な問題を抱える北ドイツやルール工業地帯で先行していた「市民バス（Bürgerbus）」の導入を模索した。市民向けの情報提供会、交通工学者を交えての検討会、先進地域の市民バス協会を招いての学習会などを開催し、1年半に及ぶ集中的な検討を行った。最終的には、市民グループが中心となって市民バスの運営に関わる計画を策定し、役所と市議会に提出した。2003年5月、議論の末に全会一致で市議会は市民バスの運行に移行することを決議し、10月には市民バスを運営する市民バス協会が設立された。

市民バスとは

ドイツでは旅客運送法42条によって、路線バスに関する定義が定められている。一般に市民バス(一部の州では小型バスと呼ばれる)とは、最大乗客数8人以下(運転者を含めて9人の乗用車区分の車体)の小型バスによる運行で、かつその多くはボランティアによる市民協会が運行し、停留所を規定、決められた路線を走る公共交通であると定義されている。

ドイツでは10人以上の定員を運ぶバスなどの旅客輸送には、特別な大型の第二種運転免許証が必要とされる。それに対して、9人以下の普通車両でのバス、タクシー、運転手付きのレンタカーなどで旅客を事業として運送する際には、第二種免許は必要なく、一般の普通免許に加えて、「旅客運搬免許証」を取得すればよい。

旅客運搬免許証は、申請書、パスポート、運転免許証、犯罪履歴証明書に加えて、専門医師による旅客運搬を職業として行えるかどうかの診断書(視力と身体的、精神的な診断)などを提出し、レクチャー受講と料金の納付で支給され、第二種免許より手軽に取得できる。旅客運搬免許申請の最低年齢は21歳以上で、最低2年間は普通乗用車を日常的に乗車した経験が必要とされる。このような法的規制から、一般的に市民バスとは、9人乗り以下の普通免許で運転できる範囲の車体、いわゆる乗用車で運用されている。

ノルトライン＝ヴェストファーレン州ハッティンゲンの市民バス
（提供：Pro Bürgerbus NRW e.V.）

また、市民バスは、乗り合いタクシー（とりわけデマンド式）ではなく、正式な路線バスとして運営されるため、ドイツの場合、自治体と4～10年間程度の営業権契約を交わし、その路線を運行する権利を有する運営者として認められていることが求められる。

市民バスは、各自治体が既存の公共交通網ではカバーできない空白エリアにおける対策として運行されているのが一般的である。これは先行していたオランダの市民バスに見習う形で、ノルトライン＝ヴェストファーレン州が1980年代の後半にいくつかのパイロットプロジェクトを試験的に導入したのが発端となった。このプロジェクトによって市民バスがドイツの法律で定義され、同時に州が助成措置で支援することで、1990年代に入ってから導入が拡大していった。

ノルトライン＝ヴェストファーレン州では、現在、すでに120以上の自治体で市民バスが導入されている。同州では現在、バスの車体購入に対して4万ユーロ（障害者対応のバスには5・5万ユーロ)、そして運営母体である市民バス協会に対して毎年5000ユーロを助成している。

同様の助成は他州でも実施されており、ノルトライン=ヴェストファーレン州市民バス連盟の統計によると、ドイツ全土で市民バスを運営している協会の数はすでに260にも及んでいる。

市民バスの運営

バート・クロチンゲンに話を戻すと、同市では営業権契約書を市民バス協会と締結しなかった。というのも、多くの農村とは異なり、同市には交通部門も取り扱うシュタットベルケ・バート・クロチンゲン(SBK)があったからだ。市はその他の私営バス会社が営業権獲得に関心がないことを確認したうえで、SBKと営業権契約を結び、SBKがその運行を市民バス協会に委託する形を採用した。これによって、市は一般会計から直接市民バス協会に助成や損失の補填をする必要がなくなり、シュタットベルケ間で相殺する事業のなかに、市民バス事業も組み込まれることになる。

加えて、自治体(=SBK)と市民バス協会の間で、サービス内容とそのコスト負担について、誰がどの責任を果たし、どのコストを負担するかについて協議を続けた。最終的には、停留所などのインフラはSBKが整備すること、運行のための運転手は無料で市民協会が提供すること、バス車体の購入費用については、市の信用で市民バス協会がローンを組むが、その車体に張り付ける広告費収入によって返済できるようにSBKがバックアップすること、車体の整備・保険などにかかる費用はすべてＳＢＫが提供すること、などの契約書が交わされた。

次に、市民バス協会は市民のなかからボランティアでの運転手を募集した。瞬く間に集まった30人を超える希望者の多くは退職直後の若いシニア層で、子どものころに鉄道などに夢中になり、運転手になりたいという夢を持っていたが、これまでの職業人生では叶えられなかった人びとだった。

市民バス協会では、登録を希望する市民運転手のために、旅客運搬免許証の取得をサポートしたり、運転手を対象にした学習会を毎年開催している。なお市民バス協会では、旅客運搬免許証の有効期限が5年間であることから、新規で免許証を申請できる最高年齢は70歳以下と規定している（つまり76歳以上の運転手は存在しない）。ほとんどが本業を退職したシニア層の運転手だが、その多くは10年間を運転手というボランティアに捧げている。運行開始の２００４年7月から現在まで、この市民バスは、そんな「運転手になりたい」という夢を持ち続けていた市民の手で安全に運行されている。

当初は中古車で事業をスタートした市民バスは、市内循環3路線、日中1〜2時間に1本という間隔で運行していた。後に乗客が年間2・5万人程度にもなったことで、ＳＢＫが新車を購入したり（これ以降の車体はＳＢＫが所有し、広告募集活動を除く購入や管理、整備のすべてを行うようになった）、市民バス協会が運転手を拡大募集することになった。そして２００８年には、46人の登録運転手が、年間延べ4万人弱の市民の足として市民バスを運行している。ローカルアジェンダ21で目指された自動車交通の削減、域内の公共交通の充実という目的は達成されたわけである。

さらに市民バス協会は、バスに掲示する広告を市内企業から募集したり、路線図や時刻表などを修正したり、事業を改善し利用者の利便性を高める工夫を重ねている。

市民バスの成功と出現した問題

２０１６年現在のバート・クロチンゲンの市民バスについて総括してみよう。

営業時間は、平日５日間が午前８時～12時半、午後13時半～18時、土曜日が午前８時半～13時半で、３本の市内循環路線があり、１時間ごと（ライン１と３）、30分ごと（ライン２）に１本ずつの市民バスが運行されている。同時に２台で運行しているバスは、それぞれライン１と２、ライン２と３というように３本の路線のうち２本の市内循環路線をまとめて約30分間かけて回る（図７）。どの停留所にも毎時間同じ時刻にバスが来るので、利用者は複雑な時刻表を暗記する必要がない。

運転手のシフトは、平日の午前が２名、午後が２名、土曜日は午前が２名である。日曜・祝日は中心部の店舗も休業するので、バスも運休としている。基本的には、１人の運転手が午前と午後のシフトを連続して運転することはしていない。

それぞれのシフトには予備・交代要員として１名のシフトを追加で組んでおり、その予備要員がシフト開始30分前になると、運転手に電話連絡をして、運転に支障がないことを確認する。予備要員はシフトの間、自宅待機する。

運転手のシフトは、ネット上で共有されるスプレッドシートを活用して、各自が運転可能な日時、

図7　バート・クロチンゲンの市民バスのルート図（出典：SBK）

バート・クロチンゲンの市民バス。扉は電動で低床型。車体は市内の中小企業が支援のために出している広告で埋め尽くされている（提供：SBK）

時間帯を入力して作成する。いつ、どれくらいの頻度で運転をしなければならないといった強制はない。しかし、これまで運行開始から12年間、現在登録されている約60名のボランティア運転手が自分の都合で作成するシフトで埋まらずに困ったことはないという。

また、市民バス協会では定期的に運転手の交流会を開催し、運転手同士がお互い顔見知りになっているので、シフトの変更はお互いに融通を利かせてやっている。過去12年間の営業運転のなかで、バスが運休したのは2回ほどあるそうだが、いずれも車体のトラブルであり、運転手の理由で運休させたことはないそうだ。

このことを交通専門家の集まる国際会議でＳＢＫの担当者が誇らしげに紹介していたことがあったが、フランスから出席していた大都市の交通担当者は、「良い待遇や給料で雇用しているにもかかわらず、シフトづくりで苦労したり、ストライキ以外でも病欠時など運休することが頻繁にあるのに、無報酬で休みなく運行できるのはなぜなんだ」と呪うかのように質問していた。それに対して、ＳＢＫの担当者は「子どものころから運転手になりたかった人を採用したらどうですか」と回答し、会場を沸かせていた。

市民バスの運賃は、フライブルクを中心とした1都市2郡をカバーする地域定期券「レギオカルテ」（複数の事業者が提供するエリア内の公共交通が乗り放題になる定期券）のエリア内であることから、それを所有している者は運賃を追加で支払う必要はない。地域定期券を所有していない者は、１回券を1・4ユーロ（約175円）で購入する必要がある。この運賃収入は、いったんＳＢＫに預けられ、地域定期券に参加している複数の公共交通サービス事業社の間で再配分される。

もし、停留所に乗客がバスの定員以上いた場合には、運転手が携帯電話から地域のタクシー会社を呼びだし、希望者はタクシーで目的地に運んでもらえる。タクシーに乗車した利用者も、バスと同じ運賃を支払えばよく、タクシー会社は後日ＳＢＫに差額料金を請求するしくみになっている。

バート・クロチンゲン市は、この市民バスの導入によって、総合的に見て、民間バスに助成していたときに比べ、毎年6〜8万ユーロのコストを削減している。

ただし、問題もある。現在、この市民バスの利用者数は公表されていないが、2008年の4万人よりも大幅に増加していることは確かである。つまり、「公共交通空白地帯」という公的な位置づけがぐらついているわけだ。利用者数が増加し、ある一定レベルのサービスを提供できるなら、市民バスを廃止し、営業権契約を入札にかけたり、自治体が助成して民間バスを走らせたりしなくてはならなくなる。市民バスの快進撃は、市民バスの存続を危うくしてしまうのだ。

SBKの市民バス担当のシュテファニー・フォン＝デッテン氏は、市民バスであるからこそ、一般の職業運転手よりも乗客との接し方、コミュニケーションのとり方が抜群に優れており（好きで無報酬でやっているのだから、当たり前かもしれないが）、それを好んで、とりわけ高齢者が、市民バスを積極的に活用している現状があると話してくれた。つまり、通常運行されているバスでは、わざわざ公共交通を利用してまで出かけない高齢者が、市民バスの運転手との短い会話を楽しむために、中心市街地に出かけ、カフェや小売店の売り上げ増に貢献しているわけだ。

また、土曜日のシフトを終えた運転手は、乗客から手づくりのクッキーやワインといった差し入れで両手一杯になるのが常だ。この市民バスの取り組みは、「市民の移動のための足」という交通手段を超えて、コミュニケーション、憩いの場になっている。

あまりにも機能した市民バスによって需要が増加したとき、自治体はどのように市民バスを位置づけるのか、その回答を市民バスを成功させた自治体はまだ持っていない。行きすぎた市場原理を押し通すＥＵや公正取引委員会が、こうした草の根によって出現したコミュニティ交通の芽を摘んでしまわないことを祈るばかりである。

客貨混載──貨物と旅客の輸送を同時に解決

スイスといえば、チーズにアルプス、そして黄色いポストアウト（ドイツではポストバス）が有名である。「ドゥー・ダー・ドー」の3音ホーン（クラクション）の音色とともに、スイスの美しい街並みにこの黄色いバスはよく溶け込んでいる。

古くから郵便事業が行われている欧州では、馬車で郵便物を輸送していたが、その馬車定期便が全土にくまなく広がった18世紀には、馬車の車体は改造され、大型化し、運賃をとって旅客も乗車させるタイプが主流になった。19世紀末までは、この郵便事業と旅客事業という二つの部門は分離されることなく、公共交通といえば郵便馬車であった時代が長く続いた（客貨混載）。

しかし、産業革命によって旅客事業の主役は鉄道に、そして20世紀に入って域内の公共交通は路面電車になった。郵便物の運搬も、一部では馬車に代わってポストバスによって行われるようになるが、人口の少ない地域を除いて、郵便輸送と旅客輸送の併用は減少してゆく（客貨分離）。ドイツにおいては、１９７０年代にほとんど消滅してしまった。

この併用の分離を進めたのが、公共交通路線における営業権契約という制度、そして新自由主義が推し進めた一般入札制度だ。郵便事業は国によって独占され、単独1社に委託され続けているものの、旅客運送の事業は完全に自由化されており、郵便と抱き合わせて効率よく旅客も運ぶという事業形態は、市場においては特別な事例を除き機能しなくなっている。

しかし、アルプスなどの山岳部で人口が少ないエリアを多数抱えるスイスやオーストリアでは、路線バスが乗客と郵便を運搬する利用方法がいまだに続けられている。

もちろん、スイスでも新自由主義の市場原理の導入の波が押し寄せ、公共交通路線の営業権契約を入札にかけるというスタイルに変化しているし、都市部では郵便と旅客の二つの事業は分離されつつあるが、それでもスイス全土（九州と変わらない人口と面積）で1・2万キロメートルの総延長にもなる877のバス路線を、2240台のポストアウトが、年間1・45億人の乗客を乗せて、1・1億キロメートルを走行していることは驚くべきことだ。

こうした公共交通と郵便事業の混載のおかげで、標高が高く、数十人程度の集落に肩を寄せあって暮らすアルプス高地の村では、郵便は迅速に届き（毎朝朝刊が読める！）、子どもたちはバスで麓の村の学校に通学でき、高齢者も年中買い物に出かけることが可能な社会が実現されている。

日本でも近年、ヤマト運輸や佐川急便など民間事業者を筆頭に、人口が少ない地域で宅急便配送事業と路線バス運行事業を併用する「客貨混載」の試みが行われるようになってきている。こうした取り組みは、道路運送法第82条「一般乗合旅客自動車運送事業者は、旅客の運送に付随して、少量の郵便物、新聞紙その他の貨物を運送することができる」で保障されている。

ヒッチハイク停留所

ドイツでは、公共交通が空白になったり、移動の目的地、とりわけ買い物先が村内から消滅した地域において、自治体や市民協会が中心となって、廃止されたバス停を改良したり、新たにバス停のような停車帯やベンチを設置して、相乗りを希望することが前提の「ヒッチハイク停留所」「乗せてってベンチ」を導入する自治体が増えている。

もともと、ラインラント＝プファルツ州のビットブルク市で、カトリック系の社会福祉団体カリタス会が地域の公共交通空白地域に、とりわけ高齢者に対して移動の利便性を向上させる対策として2014年に開始したのが始まりだとされる。対策が簡易なことから、わずか2年間でヒッチハイク停留所は数十の自治体で導入されている。

しくみは非常に単純だ。ある農村に、公共交通の需要が一定量あると思われるのに、採算性の問題から公共交通を通せない路線があるとする。たとえば、村内を貫く幹線道路沿いのA地点から、隣町との境界にできた大型小売店のB地点までの路線としよう。村民は通常、この区間をマイカーで毎日のように移動しているとする。そこで、このA地点とB地点にバスの停留所のように、ベンチとヒッチハイク停留所の標識を設置する。その農村の広報紙や市民協会による口コミ、イベントなどで、村民に対して、このA地点（またはB地点）の停留所のベンチに座っている人は、B地点（またはA地点）に移動したい人であることを告知する。あとは、高齢者などマイカーで移動できない人が、気長にベンチに座って、誰かに乗せてもらえるのを待つだけである。これは利用者同士が顔の

ドイツ・ヴァルトキルヒの駅（左）と1.5キロメートル離れた山の上にある病院（右）とを結ぶヒッチハイク停留所。看板には「病院へ」「駅へ」と書いてあるだけ

見える関係を築いている農村でなければできない取り組みだ。

現在のところ、このヒッチハイク停留所に対しての成果や評価はさまざまだ。まず、未成年者で車の運転ができない若者や子どもが、このサービスを利用した際に犯罪に巻き込まれたら、誰が、どのような責任をとるのか明確ではない。したがって、現在のところ、利用者はほとんどが高齢者である。

また、マイカーを持たない高齢者がそのしくみを利用しても良いという風土がある地域と、そうでない地域の差が大きい。村長や行政の掛け声でせっかくベンチと標識を設置したところで、まったく利用されていない残念な事例も半数近くはありそうだ。さらに、高齢者がベンチに座っていても、まったく車が停車してくれない地域もあるという。

農村の交通問題のごく一部に対処できそうな取り組みではあるが、この取り組みによって農村の交通問題を根本的に解決することにはならない。こうした取り組みも、単に手っ取り早いからやってみるというのではなく、地域の総合的な都市計画や交通計画のなかにきちんと位置づけて実施してゆく必要があるだろう。

社会福祉としての公共交通の功罪

ここまで人口の少ない地方都市や農村におけるオルタナティブな公共交通の対策について説明してきた。しかし、人口が減少し、地域がスプロール化し、人口密度も低下しているからこそ、公共交通が維持できなくなった地域に対して、最低限のサービスを提供することは、どちらかといえば後ろ向きな対策である。

このことは、日本でもすでに多くの自治体で実施されているコミュニティバスやデマンド型・予約型の乗り合いタクシーなどの事業においても同様だろう。こうした事業は、単独では採算がとれないことが当たり前であることから、公費を投入した（多くは高齢者のための）社会福祉事業として行われていることがほとんどだ。

もし、こうした事業が、地域の都市計画（ショートウェイシティ、集住化対策）やオルタナティブな交通の促進（自転車の拡大利用など）と組み合わせて、総合的かつ中長期的な交通計画のなかで実施されるなら、有意義な取り組みとなるかもしれない。しかし、現状の問題に対する場当たり的な事業にとどまるのであれば、その地域の市民サービス消滅をせいぜい数年間延命するだけにしかならない。

当然のことであるが、人口減少がすでに確定している現在、今の高齢者よりも、20年後、30年後に高齢者になる世代の方が圧倒的に条件が悪い。現在の高齢者の移動が困難だからといって、赤字を抱えている自治体が公費でこうした市民サービスを提供し続けるのは、将来世代に負の遺産を残すことになり、罪でさえある。

前述したバート・クロチンゲンの市民バスは、高齢者が運転手として、乗客として互いに「自助」する取り組みである。これがその地域の文化となり、伝統となることで、若い世代にとっての将来の財産となる可能性がある。同じように公費を投入するのであれば、場当たり的な取り組みで将来世代に負債を残すのか、持続可能な取り組みで将来世代に財産を残すのか、よく議論されるべきだ。

私は、日本でよく見られる「路面電車によるまちづくり万歳」型の公共交通政策には悲観的だ。それが、都市計画（ショートウェイシティなど）や中長期的な視野に立った総合交通計画などについてはほとんど議論されず、路面電車1本の路線のことしか考えられていないからだ。

たとえば、日本では公共交通がない地域のための「公共交通空白地有償運送」と、公共交通やタクシーなどの事業者が存在しない地域のための「自家用有償旅客運送」という制度が整備されている。以上の文脈を理解したうえで、こうした取り組みを他の交通手段と合わせて、総合的に検討することが日本の農村部では不可欠ではないだろうか。

団塊の世代が安全にマイカーを運転できなくなる2025年まで、あと8年しかない。

5章

費用対効果の高い
まちづくりのツール、自転車

次世代の自転車交通政策

自転車交通の意義とは?

ここまで説明してきたように、公共交通に力を入れる前に、住宅地の人口密度を高め、そこに短い距離で移動できる商業施設を入れ込み、市域全体では放射状に人の移動が機能するように中心市街地を活性化するという都市計画の大前提を整えることが先決である。そこに手をつけないまま人口減少の局面で公共交通に財源を投入することは、持続可能ではなく、将来性もまったくない。

以前、フライブルク市の土木局交通計画課のエンジニア、ベルンハルト・グッツマー氏が私にこう語ってくれた。

「最良の交通計画とは、交通がそもそも発生しない都市計画である」

この意味をよく理解することが肝要だ。

なぜ日本の地方都市ではそこまで公共交通に対して期待ができないのか。それは、首都圏や名古屋圏、関西圏のように世界でも稀な人口密集型の大規模都市圏でもない限り、マイカー利用者が公共交通に乗り換えてもよいと思うような最低限のサービスレベルを運賃収入によって賄うことは、世界中の先進国の例を見ても不可能だからだ。

たとえば、フライブルク市内の公共交通は、年間7700万人が利用しているが、そのサービスを提供するためのコストは5500万ユーロが必要であり、運賃収入だけでは1000万ユーロ不足する。加えて、利用者である市民は運賃の全額を支払ってはおらず、市民の利用する定期券には州や市の助成金が入っている（学生、高齢者、社会福祉割引など）。

さらに、路面電車の軌道の新設や延長、バスロータリーなどのインフラ整備においては、通常、3分の1が国から、3分の1が州から助成され、残りの3分の1も自治体の特別会計（都市開発、土地分譲による収入で賄う）などを活用することが多い。

つまり、公共交通事業にかかる莫大なカネを、自治体は運賃収入以外のあの手この手で負担し続ける必要があるが、フライブルク市内の交通分担率を見ると、それでも公共交通は18％にとどまっている。

したがって、公共交通は、道路や河川の整備と同じように、市民サービスとして自治体が永続的に投資・負担することができる範囲までを考慮するべきである。そのために、ドイツでは公共交通事業にかかる費用を電力事業からの利益で賄っている。

では、日本の都市部でこのようなカネのかかる公共交通よりも費用対効果に優れ、市民がマイカーだけに依存せず移動できる対策は他にあるのか？

それは自転車交通の推進以外にない。人口減少の最中であっても、地域経済を潤しながら、市民サービスレベルを引き上げる交通手段である自転車交通の驚くべき意義について、フライブルクを事例に説明しよう。

フライブルクの自転車交通の推進

前述したように、フライブルク市は、すでに１９６０年代に衰退傾向にあった路面電車を拡張する政策と中心市街地のトランジットモール化（車の進入を抑制した歩行者天国&路面電車化）、そして同時に自転車交通の推進について議論を始めた。具体的には、１９６９年に「総合交通計画」が作成され、その後１９７０年には自転車道・レーンのマスタープランである「自転車総合計画」が策定され、まずは総延長30キロメートルの基幹自転車道・レーンを整備することになった。

１９７６年からは、自転車道・レーンや駐輪場をより迅速に拡張するために、個別案件の積み上げ式の予算請求だけではなく、追加で「自転車インフラ一括予算請求」という総額式の予算請求手法も併せて用いることで、毎年自転車のためにおよそ50〜１００万ユーロ（約６０００万〜１・２億円）が継続して自転車道・レーン、駐輪場の整備に回されている。予算をすべて積み上げ式で行うと、1件1件の予算規模が小さなものが数多くあるため、行政の作業量が膨大になる。そこで、大きな金額のプロジェクトとは別に、目安となる予算を枠で確保しておき、行政の人員に余力がある限りその枠の予算を粛々と消化して自転車のインフラを整備できるようにしたわけだ。

統計のある１９７６年から２００４年までの28年間で、自転車インフラへの投資額は合計２５００万ユーロ（約30億円）であり、そのうち自転車一括予算は９７０万ユーロを占めている（図1）。実に年平均90万ユーロ（約1・1億円）という安さであり、公共交通の運営費の10分の1から30分の1の金額で、公共交通の交通分担率を10％も上回る28％の割合で市民に利用されている。自転車交通の

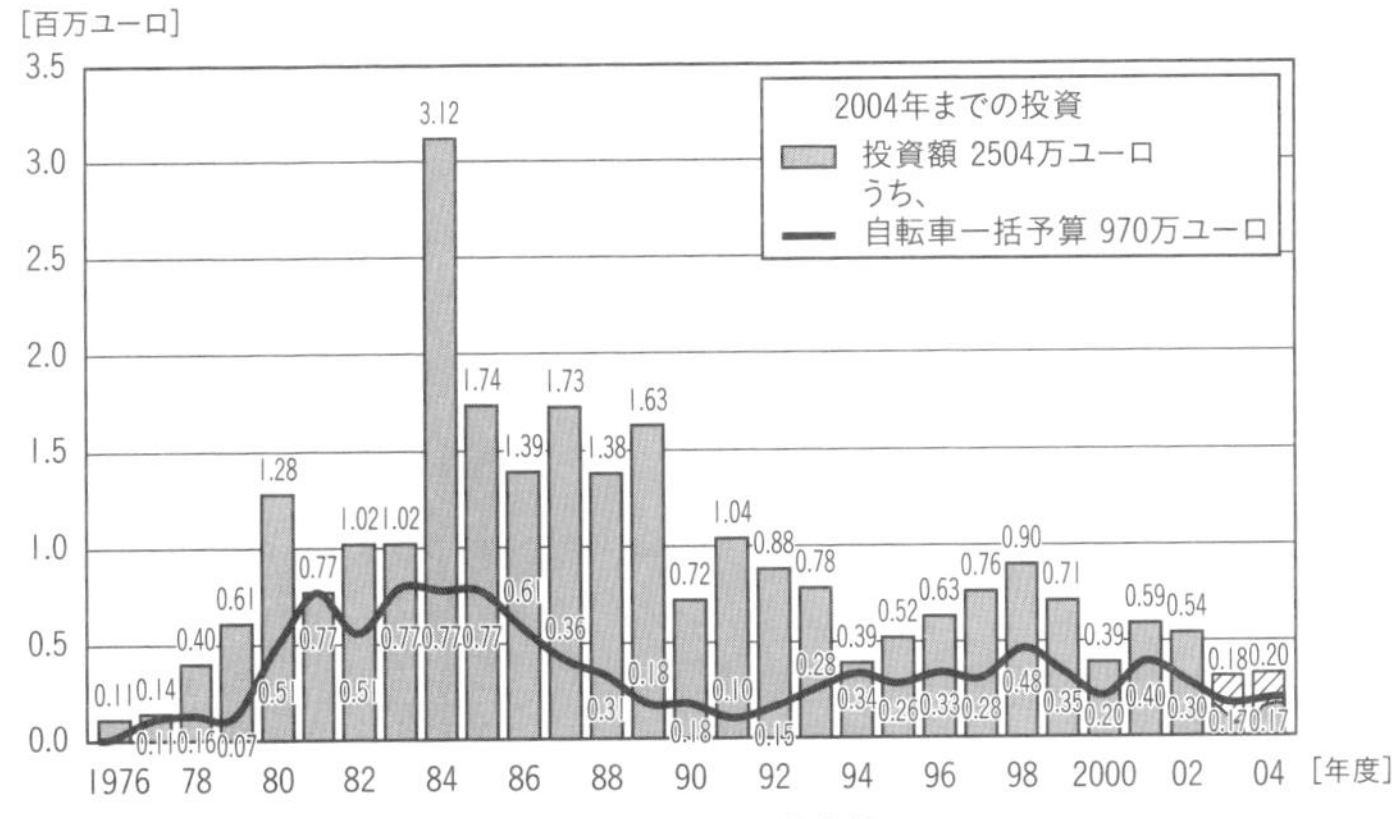

図1　フライブルク市の自転車交通のためのインフラ投資額（出典：Stadt Freiburg, Garten und Tiefbauamt）

フライブルク市内に合計420キロメートル整備されている自転車レーンの一例。右折車両による巻き込みの危険地帯にだけ、危険を示すシグナルとしてマーキングが施されている。自転車レーンの幅は1.6メートル以上が望ましいとされているが、すべての道路でその幅が確保されているわけではない

専用レーンによって自転車交通が高速化すると、右折車両が自転車を巻き込む事故の危険性が高まる。直進する自転車レーンは、交差点のかなり前の時点から右折車両の左側に配置されている

フライブルクの中心市街地に流入する自転車交通量が多いところでは、バスレーンにタクシーと同じように自転車の優先進入・通行権が与えられている。また市内ではおよそ120の通りが一方通行路となっているが、その大部分で自転車に限り両方向からの進入が許可されている

フライブルク市内の自転車通行量が多いところに設置された自転車専用道路。専用道路では真ん中を自転車が通行できる。車とオートバイは、例外として通行が許可されているが、自転車を追い越すことはもちろん禁止されており、絶対的な優先権は自転車にある

フライブルク市内に7300台分ある無料駐輪場。駐輪場といっても、歩道脇の公共の土地に盗難防止の鉄のバーを設置し、自転車を駐輪できるスペースを設けた簡易なものが大半である。近年は、駐輪場の整備コストの確保よりも、スペースを確保することが難しくなっている（通りから引っ込んだ場所に駐輪場を整備しても、不便なので誰も利用しない）

爆発力がよくわかる。

ちなみに、このころにドイツのいくつかの自治体で始まった自転車インフラのための一括予算請求という手法は、その後高い評価を受け、1998年に社会民主党と緑の党が政権に就くと、国の政策としても取り入れられた。現在も数多くの自治体で採用され、ドイツで自転車交通の割合が上昇した理由の一つにもなっている。

こうした取り組みによって、フライブルク市は自転車交通ネットワークの総延長を420キロメートルまで整備し、市内のほぼすべての地域へ自転車で快適に移動できるようになっている。

さらに、中心市街地、鉄道駅やバス・路面電車の停留所周辺の駐輪場整備にも精力的で、現在では市内に無料の駐輪場がおよそ7300台分、駅に隣接する有料の駐輪場が1000台分整備されている（うち、中心市街地の駐輪場は5700台分）。それでも、増え続ける自転車に対して駐輪場は不足しており、駐輪場の整備と需要は常にイタチごっこを繰り返している。

　ただし、このようなインフラを整備しただけでは自転車交通が飛躍的に伸びるわけではない。自転車を利用して行動できる範囲に（一般には2〜3キロメートル程度の範囲内に）、移動の目的地が整備されなければならない。

　前述したように、フライブルクでは住民の移動が近距離で完結するショートウェイのまちづくりが実践されている。これに、自転車のインフラ整備が加わってはじめて、市民は活発に自転車を利用するようになる。

欧州の自転車交通先進地域――アムステルダム、コペンハーゲンに続け

　このように、自転車交通を推進することは、財源の負担が軽くて済む点でも、市民の移動の利便性の点でも非常に優れ、貴重な都市空間を節約しながら市民の移動の自由を提供できる。それゆえ、先進的なまちづくりを実現しているほとんどすべての欧州の自治体では、自動車や公共交通よりも、まずは自転車交通の推進を優先して行っている。

　また、伝統的にはオランダ、デンマーク、スウェーデン、ドイツなどの学園都市、中規模都市が自転車先進地として世界的に有名であったが（ドイツの先進都市については3章図8を参照）、たとえばギリシャのカルディツァ（合併前人口4・4万人、自転車割合35％）やアルバニアのシュコドラ（人口11万人、自転車割合29％）、イタリアのボルツァーノ（人口10万人、自転車割合29％）、フェラーラ（人口13・5万人、

上:アムステルダムの中央駅前の運河に浮かぶ駐輪場。1万台を収容できる圧倒的な規模
下:コペンハーゲンの中心市街地では、両側に車道と同一の幅を持つ自転車専用車線が整備されている。手前に見える車は駐車帯に駐車している車であり、車道は一方通行かつ1車線しか走行帯を与えられていない

自転車割合27％）など欧州南部の学園都市や小規模な自治体でも、世界的な自転車先進都市となっているところが多数存在する。さらに、日本ではあまり知られていないが、ＥＵ圏において自転車利用割合トップのオランダに続くのは、東欧のハンガリーであり、わずかながら第3位のデンマークよりも自転車利用が推進されている。

さらに自動車大国のイメージがあるアメリカでも自転車交通の推進は顕著で、パイオニアのポートランド（オレゴン州）を筆頭に、ニューヨーク市などの大都市、学園都市では欧州を上回るスピードと規模で自転車交通の推進をインフラ面でも、ソフト面でも充実させている。

そして、ロンドン、パリ、ベルリン、ミュンヘンといった首都圏、大都市圏も、軒並みアムステルダム（人口80万人、自転車割合・都市全域22％、都市中心部30％）、コペンハーゲン（人口59万人、自転車割合30％）に続けとばかりに、自転車インフラを徹底的に整備し、推進している。アムステルダムの自転車道・レーンは１１００キロメートルを超え、都市中心部に3・7万台という途方もない駐輪場を整備済みである。コペンハーゲンでは市民の自転車通勤者割合は55％と過半数を超え、都市中心部の自転車レーンは、もはやレーンではなく、車道と同一の幅を持つ自転車専用車線が用意されている（前ページ写真）。

こうした自転車交通先進地域の取り組みについては、『成功する自転車まちづくり』（学芸出版社）など古倉宗治氏による一連の著書に詳しいので大いに参考にしていただきたい。

農村における自転車交通の重要性

農村における自転車交通の推進は、とりわけ重要である。

とくに製造業（自動車関連のサプライヤーや自動車クラスター）やサービス業（保険、商社など）が立地しない農村では、マイカー利用は地域のＧＤＰをほとんど上昇させない。燃料のガソリン代ばかりか、車を所有することに付帯して発生するコストの多くは、そのまま地域外に流出してしまう。

それに対して、マイカーへの依存を低減させる自転車交通は、こうした域外へのカネの流出を食い止める。さらには、自転車ツーリズムという新たな収入源を育て、地域経済を活性化することも期待できる。

５万人を下回るような地域でも、先述したギリシャのカルディツァを筆頭に、オランダのベルンヘーゼ（人口３万人、自転車割合27％）、チェコのブジェツラフ（人口２・５万人、自転車割合26％）、旧東ドイツのルートヴィヒスフェルデ（人口２・５万人、自転車割合23％）、グローセンハイン（人口１・８万人、自転車割合21％）などの先進的な農村が自転車交通を推進している。

また、人口の少ない農村ではそもそも公共交通が充実しているわけではないので、自転車利用の増加は、そのままマイカー利用の減少を表す。これは交通速度の低下を意味し、農村内の移動距離を短くする市民サービスを合わせて提供できれば、ショートウェイシティへと進化させる可能性も出てくる。

しかし、ドイツでも全土を平均すると、農村部の自転車交通の利用はわずか８％にとどまり、都市部の11％よりも低いのが現状である。なぜ、農村部で短い距離の移動の際にも自転車を利用しないのか、「合理的」な説明をすることは難しい。

なぜなら、ドイツの農村での移動の75％は、その地域内の移動であるからだ。農村でマイカーを利用して移動する過半数は3〜5キロメートル圏内で移動していることから、自転車がマイカーにとってかわるポテンシャルは存在する。また距離の問題は、現在普及が進んでいる電動アシスト付き自転車（Eバイク）や自転車高速道などによってどのようにでも対処できる。

また都市部での自転車推進の最大の障害は、自転車インフラのための都市空間の確保・分配であるが、農村には空間だけは余るほどある。

もちろん、これまで車移動を便利にする対策ばかりに投資をしてきた日本の農村では、車移動のスピードが著しく速くなってしまっているため、自転車を多少推進しようとしたところでまったく敵わない。自転車の推進と両輪で、とりわけ農村において車交通の静穏化対策を同時に進める必要がある。

農村で自転車交通を推進する場合は、それぞれの農村が置かれている条件に大きな違いがあることを配慮しなければならない。その条件の違いは、地方都市の間での違いよりも大きい。また、農村における移動は、農村の中心部と郊外地域でも大きな違いがある。

自転車交通の費用対効果

ドイツの国家自転車交通計画

ドイツでは、すでにこうした先進的な自治体の成果を認め、国も強力に自治体をサポートして、自転車交通を推進する政策を過去15年間にわたり継続している。具体的には２００２年に策定された「国家自転車交通計画２００２〜２０１２」であり、その後２０１３年により高い目標を掲げて策定された「国家自転車交通計画２０１３〜２０２０」へと引き継がれている。

この国家自転車交通計画の目的は、さまざまな便益を国民にもたらす自転車交通を、国が自治体、州を支援する形で促進することである。したがって、国はあくまで支援の枠組みをつくるだけで、それを活用するかしないかは自治体が決定する。

２００２〜08年の６年間でドイツ全体の交通総量は約１割増加したが、自動車交通の総量は微減だったのに対して、公共交通量は４％、徒歩は８％微増した。一方、自転車交通の総量は17％と大幅に上昇している。

ドイツ全体の交通分担率では、自転車交通の割合は２００８年にようやく10％に達したばかりだが、２０２０年までに15％にすることが目指されている。それを実現するためには、都市部では現在の11％を16％に、農村部では８％を13％に上昇させることが目標となる。

つまり、今後は交通総量の増加分を自転車交通で受け止めるだけではなく、同時に車交通の総量を減少させ、それを自転車交通で補うところまで踏み込んでいるわけだ。自動車大国のドイツでは、非常に特殊な国策といえるだろう。

自転車交通によって得られる便益

では、ドイツはどれほどの便益を自転車交通の推進によって見込んでいるのだろうか。自転車交通を推進することによる便益と、それに対するコスト（つまりマイナスの便益）について説明する。

まず、自動車交通を抑制し、自転車交通を推進したときにもたらされる便益には、次のようなものが挙げられる（▲はマイナスの便益）。

1：経済的、効率的で、かつ一定のエリア内では最速の輸送・移動となる
▲1：3キロメートル以上の移動の場合には努力を伴う（移動の快適性の減少）
▲1：天候に左右されやすい
2：エネルギー問題の解決
3：環境保護、自然保護、生物多様性の保護
4：大気汚染や騒音問題を解決し、生活環境を向上させる
5：都市空間を節約し、より高密度な利用を推進する

6：交通安全の向上と事故被害の減少
▲6：これまでに生じなかった交通事故の危険性の増大
▲6：盗難被害の増加
7：自治体の財源負担の緩和
8：市民の健康促進と生活スタイルの改善
9：成長が期待される新しいビジネス分野の開拓により、域内の経済的付加価値を創出
10：余暇と旅行、スポーツイベントなどを通じた精神衛生の向上
11：人々の交流など、社会福祉の向上とコミュニティの強化

フランツ・アルト博士の『エコロジーだけが経済を救う』（洋泉社）では、ドイツの10万人を超える都市における自動車交通の移動の平均時速は16キロメートルという統計が紹介されているが、200年前の馬車交通の移動の平均時速が17キロメートルだったことを考慮すると、ばかばかしくなる。現在の自転車高速道は平均時速20キロメートル以上での移動を可能とするように設計されているため、十分に高速な移動手段となりえる。そもそも、平均70キログラムという人体を1500キログラムの鉄の塊（自動車）で輸送することは経済的とはいえない。10～20キログラムの自転車であればこそ経済的なのだ。

また、平均時速5キロメートルの徒歩では10分間に0・8キロメートル程度しか移動できないた

め、徒歩でカバーできる範囲は2平方キロメートルに限定される。しかし、平均時速20キロメートルの自転車の移動であれば、その距離は3・3キロメートルへと約4倍になり、カバー範囲は35平方キロメートルと16倍以上になる。徒歩よりも格段にカバー範囲が広く、公共交通のように常に放射状に移動する必要もない自転車交通は、理想的な都市計画が実行されていない都市でも、自動車を代替する最適な交通手段になりうる。

また交通安全の面でも、中途半端な自転車交通の推進は事故を増加させる可能性があるが、自転車交通のためにきちんとインフラが整備され、同時に車の交通量を減少させれば、重大事故や死亡事故は減少する可能性が高い。それは、オランダ、イギリス、デンマーク、ドイツなどの研究でも明らかである。

加えて、化石燃料を利用する交通は、交通事故、大気汚染、渋滞、気候変動、都市空間の損失、騒音などの損害をもたらすが、それを金額で表すと、1995年の1年間で、EU全体（スイス、ノルウェー含む）で6580億ユーロ、EU市民1人あたり1716ユーロ、EU全体のGDPの9・7%を占めるとする試算も、先の国家自転車交通計画で報告されている。

そして、自動車用道路を建設するよりも、自転車用道路を整備することの方が自治体の財源負担が少ないのも自明である。

現代社会で最強の医療費削減手段

自動車交通を自転車交通に置き換えたときに、どれだけの費用がかかり、それに対してどれだけの便益が得られるのだろうか。ドイツの連邦交通省は、2008年に費用対便益計算（B／C計算、ベネフィット／コスト計算）を実施している。ベルリン市とハンブルク市という、どちらも100万人を超える大都市の事例ではあるが、自転車レーンを新たに整備する、駐輪場の数を増やすなどの対策を実施することで、得られる便益は費用を大幅に上回ることが確認されている（ケースによってB／C＝1〜4程度）。

また、この調査のなかでは、アクティブ（定期的かつ中距離以上）な自転車通勤・通学者の医療費の削減効果による便益は、自転車走行1キロメートルあたり、2003年では11・0ユーロセント（約13円）、2005年では12・5ユーロセント（約15円）と、脅威的な額が見積もられている。

健康被害の抑制となるアクティブな自転車利用者とは、週5日以上、毎日30分以上かけて通勤・通学する人を指す。自転車の平均時速を16キロメートルと仮定すると、30分間の移動距離は8キロメートルとなり、片道4キロメートル以上の通勤・通学をしている人を「アクティブな自転車利用者」と定義している。自転車交通者のなかで、どれだけの割合がこのアクティブな自転車利用者になるのかについては、そのルートごとに調査などで特定するしかないが、そうした調査が存在しない場合は、自転車交通の増加量の4分の1を近似的に「アクティブな自転車利用者」の増加分として考慮できるとされている。

この医療費抑制の便益分析は、「ザクセン州における自転車交通―そのポテンシャルと環境被害の低減、そして対策（*Radverkehr in Sachsen —Potenziale, Umweltentlastung, Maßnahmen*, LfUG, 2003）」と、その２００５年改訂版によるもので、ドイツにおける心臓や循環器に関わる疾病によって発生している現状の医療費を、ＷＨＯ（次項に後述）が言うように自転車通勤などのアクティブで定期的な運動によって予防し、リスクを大幅に下げるとき想定される医療費削減分を、自転車の走行距離数で割ったものが便益として使われている。

参考までにドイツ連邦政府発刊の「自転車に乗る―自転車に優しいドイツ（*FahrRad — für ein fahrrad-freundliches Deutschland*, 2002）」には、運動不足によって血管・循環器系の疾病で、年間２５５億ユーロ（約３兆円）の財政負担が生じていることが指摘されている。

加えて、「ザクセン州における自転車交通」の２００５年改訂版では、アクティブな自転車利用による職場の病欠抑制効果について、次のように報告されている。

- ドイツにおける職場の病欠割合の平均値は、勤務日数に対して４・３％（連邦統計庁）。
- ノルウェーにある６００人を雇用する工場で、企業が経済的な支援策を実施することで、２００名の従業員が自転車通勤をするようになったところ、医療費は数年間で45万マルク（約２８００万円）削減され、自転車通勤者の病欠は半減した（Miljovern Depertementet, Vegdirektoratet und Sosial- og helsedeparementet, *Helse and Miljo*, 1994）。この結果から、ドイツでも仮に自転車通勤をするようになった場合には、病欠割合が半分になると仮定。

- ザクセン州での労働賃金の平均値（時給9・99ユーロ）から、病欠が4・3％から2・15％に半減した時の病欠抑制時間は39・8時間／年となり、年間397ユーロの損失を防げる。
- 平均的な年間出勤日数は222日あるので、397ユーロ÷222日＝1・79ユーロ（約215円）／日分だけ、病欠回避による便益が見込まれる。

自転車交通推進の第一の目的は健康被害の軽減

自転車交通を推進する意味は、二重の価値を持っている。一つはここまでに紹介したように地域における交通問題を解消し、域内経済を活性化する可能性を提供することである。そしてより重要なのは、市民の自転車利用を増加させることで運動を促し、中期的に医療費や介護費用など少子高齢化によって今後ますます増大し、自治体の負担が増える支出を減らす可能性を提供することである。

総論としては、世界保健機関ＷＨＯのヨーロッパ事務局が２０００年に「交通、環境と健康（Carlos Dora & Margaret Phillips, *Transport, environment and health*, WHO Regional Publications, 2000）」で発表したように、健康に対して以下のようなポジティブな影響をもたらすとまとめられている。

・冠状血管に関係する心臓疾患のリスクを50％低下させる（定期的に運動しないのは、喫煙者と同じレベルのリスクを負う）
・2型糖尿病を成人になってから発症するリスクを50％低下させる
・肥満症のリスクを50％低下させる
・高血圧症のリスクを30％低下させる
・骨粗しょう症のリスクの大幅な低減
・鬱症状や不安状態といった症状の改善
・高齢者の転倒予防

また、自転車や徒歩による移動の損益の大きなものとして、自動車との交通事故による死傷者の増加というポイントがある。しかし、１９９２年にイギリス医師会によって行われた分析によると、自転車交通を選択して交通事故に遭遇し負傷・死傷したことによって寿命が縮まる損益（コスト）は、それによって健康になり長寿命化する便益と比較して、20分の1以下だとされている。

ドイツの自転車交通の推進によって獲得できる健康促進効果については、すでに自転車推進のためのバイブルとなっているインゴー・フロベーゼ博士の『サイクリングと健康―健康な自転車利用のハンドブック（Ingo Froböse, Cycling and Helth, *Kompendium gesundes Radfahren*, 2012)』が参考になる。

このハンドブックでは、自転車による運動がどのように健康に影響を与えるのかを、7000におよぶ学術論文を精査し見解を記しているが、肥満の解消、心肺機能や循環系の強化と疾病の予防、パソコンの普及によって現代病の代表ともなった背中と腰、首などの痛みの治療と予防などについて、これでもかというほど医学的根拠（エビデンス）を取り揃えている。

この他にも、自転車による適度な運動は、高コレステロール、脳卒中、高血圧、鬱病などの精神病といった数多くの疾病リスクを大幅に減じ、これらの病気の予防や病状の改善に効果が上がり、酸素吸収機能や関節の保護機能、骨格を強化することについても、医学的なエビデンスで証明されている。

最後にもう3点、そのほかに追加で得られる自転車利用の推進による重要な便益を指摘しておきたい。

1．美しさと魅力の向上

現代社会では、「美しさ」「魅力」というのは、成功、カネ、名誉、地位という事柄と同じレベルで重要視されている。「良いコンディション」「スポーティ」というのは、それゆえ社会において高い価値を持つ。エステ、フィットネスなどのブームは、まさにそれを重視した社会層によって支持されている。

日常的な自転車による運動は、自身の体重、筋肉量、脂肪量を理想的な水準に調整し、身体の動きの許容活動範囲を拡大し、身体能力を理想的な水準にすることができる。
また、定期的な運動による血流の活性化は、代謝にも影響を与え、ホルモンのバランスも変化させるため、「肌」にも良い影響を与える。つまり周囲は、「フレッシュ」で「健康的な」容姿と受け止め、自意識も改善される。

2. 子どもの能力の開花

子どもが学校やクラブ活動などの際に、自転車で移動するのか、親が車で送迎するのか、二つのグループの子どもを追跡調査すると、自転車利用の子どもは、筋力、瞬発力、バランス力のすべての体力の面で優れていたばかりか、集中力や方向感覚の点でも有意な差が見られている（M. Hüttenmoser, *Auswirkungen des Straßenverkehrs auf die Entwicklung der Kinder und den Alltag junger Familien*, 1994）。

自転車でよく移動していた子どもと、親に車で送迎してもらうことが多く、自転車をあまり使わない子どもの二つのグループが成人した際、方向感覚を調査すると、自転車利用をしたグループが優れているという有意な違いが出ている（A. Flade, *Der Straßenverkehr aus Sicht von Schulkindern*, 1994）

3. がん予防とがん治療

ドイツがん協会、ドイツがん研究センター、ミュンヘン赤十字、国立がん研究センターハイデルベルク、ミュンヘン工大イザール川右岸医療研究所など、ドイツにおけるがん研究・がん治療の権威は、2000年代に入ると押しなべて適度な運動ががん予防に有益なことを指摘している。いくつかのエビデンスを並べると、

・欧州で発生しているがん患者の14〜16%は運動不足が原因とされる
・運動はがん発症リスクを減少させる（大腸がんでは40〜50%、乳がんでは20〜40%、子宮頸がん・前立腺がん・肺がんでも有意なリスク減少）

さらに予防だけにとどまらず、がん治療においても運動は、死亡率の減少、再発防止や予後の改善の面で在来型の治療方法や治療薬よりも効果が高いことを指摘するエビデンスが続々と発表されている。

日本では、いわゆる生活習慣病が医療費の3割にもなり、三大疾病が病死者の6割を占めている。しかし、最近の健康ブームは高齢者には有効に働いているが、経済を支える生産年齢層の運動習慣は改善されず、低いままであることが明らかになっている。生産年齢層は、自らが運動不足であることを自覚しているにもかかわらず、運動不足であり続ける理由として「(仕事・家事・子育てに)忙しくて時間がない」ことを第一に挙げている。

自転車交通を推進することは、とりわけ通勤と日常の買い物、子どもの送迎などという移動が必要なこの年齢層に対して、ほとんど追加の時間をとらずに、車から自転車への移動に置き換えることができる。つまり自転車を推進すれば、運動不足である一番の理由が取り除かれるわけだ。

活況を呈する自転車ビジネス

人気の高いスポーツとしての自転車

ドイツにおける自転車は、スポーツとしても大変人気がある。２０１１年に連邦議会で発表された報告書「ドイツのスポーツ分野における経済的効果（*Sportausschuss des Deutschen Bundestags, Ausschussdrucksache 17(5) 107, 2011*）」によると、ドイツ市民の34％が自転車をスポーツとして楽しんでおり、２位以下を引き離してドイツで最も好まれているスポーツとなっている。年間延べ9・27億人が参加する自転車関連の催しは（レース、サイクリングの両者を併せて）、マラソン・ジョギングの年間延べ参加人数6・79億人や水泳の5・75億人を凌駕している。

自転車スポーツに積極的に参加する市民は、毎年１人あたり４２６ユーロ（約5万円）を自転車関連で支出していることが報告されており、大きな経済的価値をもたらしている。

最小の投資で新しい市場を開拓

自動車交通を抑制したり、公共交通を推進したりするためには大きな投資が必要で、自治体単独ではなかなか先に進められない。州や国の援助が必ず必要になる。一方、自転車交通の推進は、自転車レーンや駐輪場の設置といったわずかな投資を継続することで、幅広いインフラ整備を行うこ

フリードリヒスハーフェンで毎年開催されている自転車展示会「ユーロバイク」

とができ、自治体単独の決断で前進させることが可能だ。

また、自転車交通を促進する総合計画が策定され、地域の交通事情に合わせて実行するなら、その経済効果も非常に高い。車用の高規格道路に1億円を投資しても、ほとんどが大型機械によって作業が進められるため間接工事費の割合は小さく、地元企業が元請けにならなかった場合には地域の雇用にはそれほど結びつかず、地元経済あるいは自治体の大きな利益とはならない。しかし、自転車レーンへの投資であれば、ほぼ間違いなく地域の業者に仕事が委託され、その仕事は手作業に近い部分が多いため、工事費に占める間接工事費、人件費の割合が大きくなる。自転車交通の推進が地域経済の好循環をもたらすポテンシャルは高い。

さらに、近年、高付加価値化している自転車がもたらす経済的な意義も大きい。

たとえば、フリードリヒスハーフェン市で毎年開催されている自転車展示会「ユーロバイク（EuroBike）」は、一部の熱狂的な自転車愛好者が手づくりで25年間にわたり育ててきたものだ。現在では、4日間の開催期間中に106カ国から4・3万人の専門家、関係者が来場し、53カ国から1350社が出展、41カ国の1800ものメディアが取材に殺到するという欧州最大規模のモンスターメッセに成長している。

ちなみにこのメッセは、会場面積8・5万平方メートルという途方もない規模で開催され、同時に会場周辺には総延長10キロメートルを超える自転車試乗のためのコースが準備され、来場者が試乗できる新型モデルは3000台以上になる。

とりわけ近年は、ドイツ国内で新しいデザイン感覚と高い専門性を兼ね備えた若者がハイスペックな自転車製造で起業し、数年で世界的メーカーへとのし上がっていくような事例もある。

自転車産業の経済的意義と規模

ドイツ二輪車工業連盟（ZIV）は、自転車の製造や輸出入を手がけるメーカー85社が加盟しているドイツ最大の自転車業界の団体で、毎年、統計を公表している。以下に、ZIVが公表している2015年までの統計を紹介する。

大まかな自転車交通の経済的効果については、毎年ドイツ国内で400万台前後の新車が販売されており、新車の国内販売総額は25億ユーロ（約3000億円）、自転車のアクセサリーや衣類などの関連商品を含めた総売上高は年間50億ユーロ（約6500億円）を超える。この売上高は、Eバイク

（電動アシスト付き自転車）のさらなる普及などによって今後も増加すると予測されている。すでにドイツ国内にはおよそ７２００万台の自転車が現役で存在すると推定されており、８２００万人の国民のかなり多くが、日常用・近距離用の自転車と中距離以上用、余暇やスポーツのためのモデルなど複数台を所有している。

２０１５年に新車販売された自転車は４３５万台で、ここ数年は前年比６～８％の成長で推移している。新車１台あたりの平均価格は５５７ユーロ（約７万円）で、この１台あたりの価格も前年比４～６％増で推移中である。

さらに、単純に自転車関連の製造・輸出入・販売という産業分野を超えて、自転車交通はより大きな経済的価値を創出している。そのもっとも重要な分野は、自転車ツーリズム（後述）である。ドイツにおいて、自転車ツーリズムを含むすべての分野を考慮した自転車産業クラスターにおける総売上高は年間１６０億ユーロ（約２兆円）規模だと推計されている。自転車と関連商品の製造・販売において約50億ユーロ、自転車ツーリズムの分野で約90億ユーロ、修理やメンテナンスなどを含むその他のサービス業において約20億ユーロの市場規模によって、27・8万人の雇用を生みだしている。

さらに、こうした自転車関連産業のほとんどは民間の中小企業によって成り立っており、ドイツ全土に広がる、小規模で地元密着型の産業であることが最大の特色である。メーカーからサプライヤーまで、一部の地域の一部の大手企業によって産業が構成されている自動車産業とは対照的だ。

近年、性能、デザインの面で急速な発展を遂げているEバイク。なかには、車両登録が必要な時速75キロメートルで走行可能な車種や輸送用の自転車（写真）もある

Eバイクの躍進

自転車交通に関わる技術のなかでも、近年、到達距離、速度および快適性の向上を飛躍的に増大させているEバイク（電動アシスト付き自転車）は、急速に進化し、同時に市場を広げている。これは、日本で普及されているママチャリに電動アシストが付いた自転車ではなく、マウンテンバイク、シティバイク、トレッキングバイクなどに電動アシストが付いた自転車であり、その販売数も売上高も急増している。

ZIVの統計では、ドイツ国内で販売されたEバイクは、2007年には約7万台だったが、2015年には53・5万台になったと公表されている。毎年10〜20%増加し、2015年にドイツ国内で販売された自転車435万台のうち12%にまで市場規模を広げている。EU全体では2015年に170万台のEバイクが販売された。

2009年のアンケート調査では、24%の自転車利用者がEバイクに興味を持っていると回答していたが、201

1年には47％へと倍増している。とりわけ60歳以上の高齢者層では、次に自転車を購入する際にはEバイクにすると答えた割合は54％にのぼる。

Eバイクの普及により、シニア層の自転車を利用した健康増進や観光が活性化しており、同時に労力をそれほどかけたくない、または時間をかけられない中距離の通勤などにも利用され、新しい自転車交通の需要を喚起している。

Eバイクは、移動距離が長い、高低差が気にならない、平均時速が向上するという特性によって、これまでの自転車とは異なる体験を生みだす。さらに、鉄道やバスなどの公共交通と組み合わせることで、都市だけでなく、農村などでも自動車利用を代替する交通手段となる。

Eバイクは性能やデザイン性に優れ、新しいライフスタイルに敏感な若者の関心も引いている。さらに、郵便配達などの輸送手段としても都市部を中心にEバイクの普及が始まっている。

自転車ツーリズムの経済規模

ドイツの連邦経済・技術省が公表している「自転車ツーリズムの基礎調査（BMWi, *Grundlagenuntersuchung Fahrradtourismus—Forschungsbericht*, 2009）」によると、ドイツ国内での自転車ツーリズムは、年間40億ユーロ（約5000億円）のGDPを創出しており、売上高は90億ユーロ（約1・1兆円）にのぼると推計されている。

その際、自転車ツーリズムを日帰りで楽しむ人は年間1・53億人・日で、宿泊数は2200万泊・人を数える。したがって、合計1・75億人・日のツーリズムを楽しむ人びとは、1日・1人あたり16ユーロ（約1900円、付加価値税込み）を出費し、宿泊する際はこれに1泊・1人65ユーロ（約7800円）が加算される。こうしたツーリストたちの支払うカネのうち63％が現地の飲食業と宿泊業者の売り上げとなる。残りの37％は、サービス業者、小売店、そして公共交通事業者、さらには自治体が享受している。

2015年に実施された全ドイツ自転車クラブ（ADFC）による大がかりなアンケート調査からも、日帰りで自転車ツーリズムを楽しむ人は推計で年間1・5億人にのぼり、1年間に最低3泊以上の自転車ツーリズムを楽しむ旅行者は、18歳以上のドイツ国民6800万人の7％にあたる450万人になることが推計されている。

ドイツの宿泊業者のうち、ADFCが作成している「ベッド&バイク（www.bettundbike.de/）」（紙版、ウェブ版、アプリ版）に登録している宿泊施設はすでに5500軒以上で、宿泊施設全体の1割を超えている。ここに登録されている宿泊施設とは、ADFCが定義している基準をすべてクリアした、自転車ツーリストに配慮された宿泊施設である。

また、自転車ツーリズムにもっとも多くのカネを投入してくれるのがシニア層である。ADFCによるアンケート調査では、自転車ツーリズムを楽しむ市民の平均年齢は48歳だが、Eバイクなどの高付加価値自転車を利用してツーリズムを楽しんでいる市民の平均年齢は55歳と一気に上昇する。自転車ツーリストの55％が夫婦、パートナー同伴の2人組だが、今後は2台並走可能な高規格の自転車道がより一層整備されたり、Eバイクが推進されることで、昨今の健康ブームと相まって、ますますシニア層の自転車ツーリストが増加することが予測されている。

さらに、目的地まで鉄道や長距離バスで自身の自転車を運搬するような旅も増加している。ドイツ鉄道では、2015年に長距離路線において32万台の自転車を運搬しており、長距離バスの大手フリックスバスでも6・5万台にのぼり、どちらも上昇している。

こうしたデータは、今後、社会が高齢化し、健康を求めるニーズが高まるにつれて、自転車ツーリズムの可能性がますます大きくなることを示唆している。

日本でも、広島県尾道市から愛媛県今治市を結ぶ全長70キロメートルのしまなみ海道のサイクリングコースは非常に人気が高く、世界中の旅行者から注目されている。また、自転車関連サービスや産業も、とりわけ尾道などを起点に起こりつつある。一時的なブームに乗った賞味期限の短い観光施策でなく、このように持続可能な観光地づくりを地域が一丸となって長期的に育ててゆくことは、日本の地方都市や農村が生き残るチャンスの一つになるだろう。そのためにも、地域内の自転車交通のためのインフラ整備と併せて、自転車ツーリズムを呼びこむための総合計画を策定しておく必要がある。

全土に張り巡らされた自転車ツーリズム・ルート

ADFCは、会員数16万人、ドイツ全土にボランティアで組織された400の地域グループがあり、ドイツの自転車交通の最重要ステークホルダーとして１９７９年から運営されている。車利用者のための組織としてはＡＤＡＣ（全ドイツ自動車クラブ、日本のＪＡＦに相当）があるが、その自転車利用者版である。

ＡＤＦＣは、自転車利用者用の保険制度（損害賠償保険など）を整備したり、自治体、州、連邦の交通関連の委員会に参加するステークホルダーとして専門能力を提供したり、ロビー団体として政治的に活動したり、地域の自転車関連イベントを開催したりしている。

またＡＤＦＣでは、各地域あるいはドイツ全土において、自転車ツーリズムマップを各種準備している。こうした組織的な努力と市民による自転車ツーリズムを求める圧力が政治を動かし、すでに現在のドイツでは「地域内自転車ツーリズム・ルート」が２００以上存在している（なかには総延長が１００キロメートル近くになるルートも多い）。

また、それらの地域ルートをつなぐのが、12の「長距離自転車ツーリズム・ルート」（総延長５万キロメートル）であり（図2）、これらは欧州の長距離自転車ツーリズム・ルートである「ユーロベロ（EuroVelo）」と接続されている。こうしたツーリズム用の自転車専用道・専用レーンの総延長は、ドイツ国内にすでに7・6万キロメートル整備されており、一部専用レーンではない区間も含む自転車優先のツーリズム・ルート（農道や林道、テンポ30ゾーンなど）は15万キロメートルに及ぶ。

ドイツ国内でもとりわけ人気の高いルートが、大河沿いに延々とつくられている自転車ルートである。ライン川ルート、ドナウ川ルートなどは国境を超えて川の源流から河口まで自転車ルートが

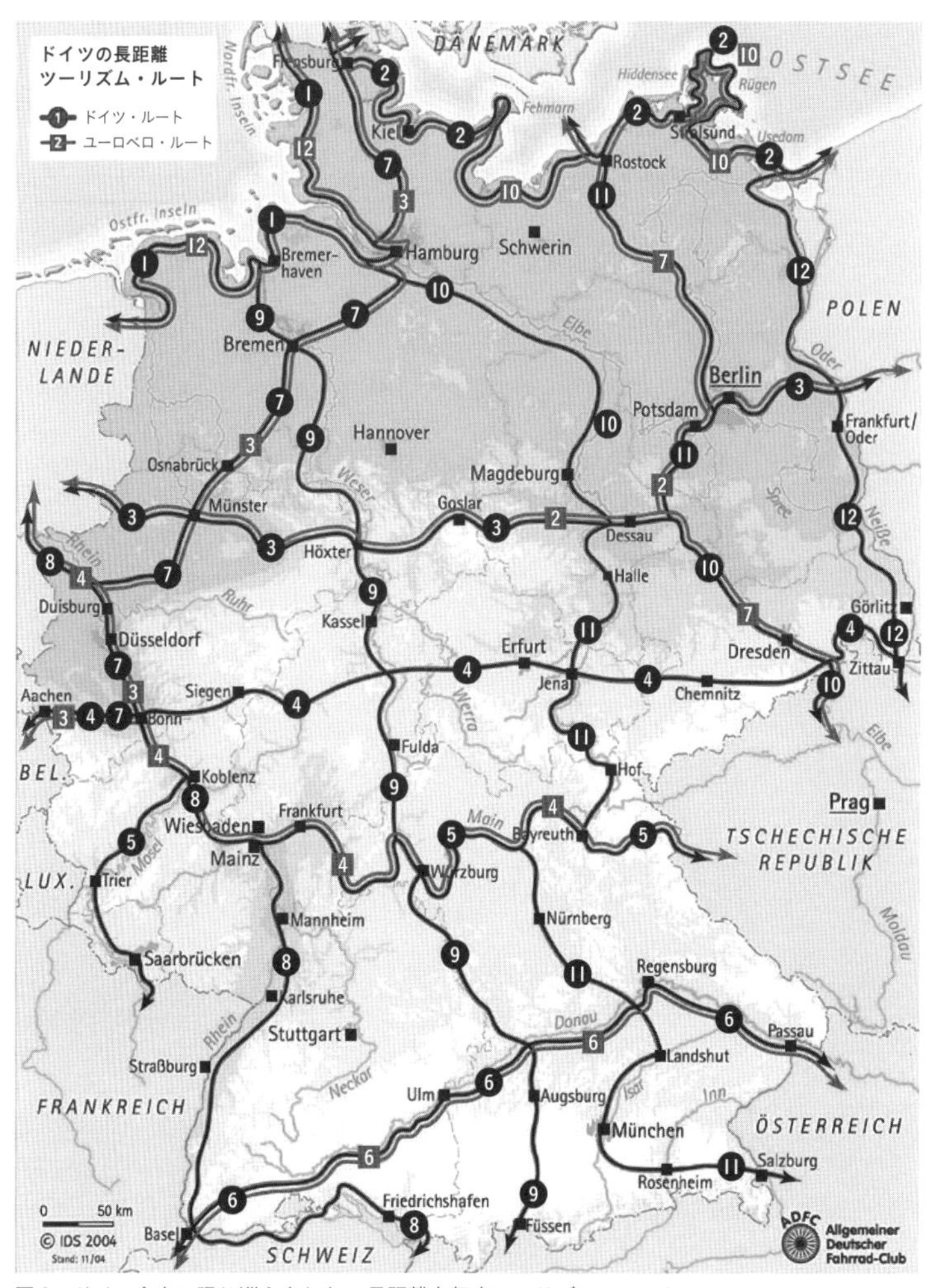

図2　ドイツ全土に張り巡らされたの長距離自転車ツーリズム・ルート（出典：ADFC）

整備されており、エルベ川ルート、モーゼル川ルート、ルール川ルートなども大変人気が高い。加えて、ドイツ・スイス・オーストリアの三国間にまたがるボーデン湖周辺も自転車で周遊することができる。

こうした水辺空間の自転車ルートの利点は、アップダウンが少ないこと、風光明媚なこと、幹線道路と交差している箇所が少ないこと、歴史的な都市が河川港や湖畔沿いに立地していることなどである。とりわけシニア層には、鉄道などで自身の自転車を河川の源流付近まで持ち込み、7〜10日間かけて河川沿いを自転車で下ってゆくような自転車ルートが人気である。もちろん宿泊施設や自転車店などのインフラも、このルート上に立地している。

日本でも国土交通省が主導してサイクルツアー推進事業や、安心で快適に自転車を利用できる環境の創出を銘打ったガイドラインや支援事業が打ちだされている。ただし、こうした自転車観光ルートなどを指定したり、事業を計画する政治家や行政担当者自身が日常的に自転車に乗っていなくては的外れな検討しかできない。自転車推進に関わる担当者は毎日の通勤で、そして余暇で自転車を利用しているか、もしくは地域の自転車関連のステークホルダーに意見を求めることは必須である。

私は、ドイツで自転車や総合交通計画などを担当している行政職員の専門家会議に定期的に出席しているが、その場に来ている職員の8割方は、通勤でも、日常でも積極的に自身が自転車を利用している。コペンハーゲン、アムステルダム、ミュンスターなどの自転車先進都市の首長や議員なども、当然のように自転車通勤をしている。車や飛行機でしか通勤や旅行に出かけない首長や行政職員が、自転車によるまちづくりを推進できるわけがない。

進化する自転車インフラ

自治体が自転車交通に投資すべき金額

自転車交通を推進しようとする自治体に対して、EUではECF（European Cyclists' Federation）が開発している「プロジェクトPRESTO 2010」に支援プログラムを準備している。ここでは、その自治体の自転車交通の推進度合いに応じて、「ビギナー」「スタンドアップ」「トップランナー」と3段階に分けられている。

ビギナーは、自転車交通の政策の方向性を打ちだしたばかりの自治体で、交通分担率における自転車交通の割合が10％を大幅に下回る自治体が対象だ。自転車交通を支援するためのプログラムをまだ準備・作成・施行していない、あるいは作成はしたものの施行は進んでいないような状況の自治体が該当する。日本のほとんどすべての自治体は、自転車交通の推進すら主要な政策目標に入れ込んでいないため、このビギナーにも該当しない。

次のスタンドアップは、自転車交通の量も割合も上昇トレンドのなかにある自治体で、すでに総合的な交通計画のなかに自転車交通が定義され、他の交通手段と調和した自転車交通支援のプログラムがダイナミックに施行されており、自転車交通の割合が10〜25％にまで広がった自治体である。行政組織の内部にも自転車交通を専門に取り扱う部署が存在し、市民の間でも自転車交通を推進する団体などが設立され、ステークホルダー間の対話も可能で、市議会の委員会などにおいても自転車交通を議論する土壌がある。

最後のトップランナーは、自転車交通の割合が25％以上で、自転車交通推進への理解が社会にすでに広まっており、政治的には当然のこととして取り扱われているような自治体だ。行政以外にも、企業や教会、各種の市民団体・経済団体などがアクティブに自転車交通の推進に関わっており、行政は特別なインフラ整備（自転車レーンの高速化、監視つきの自転車置場など）やさらなる快適性や安全性の向上、そしてコミュニケーションやサービスの拡充を実施している。また、トップランナーは他の自治体の模範事例でもあり、外に向けて有用な情報を提供していることも求められる。

さらにドイツでは、２０１１年に多種多様なステークホルダーによる意見交流が実施され、「ドイツ・モビリティパネル（BMVBS, *Deutsches Mobilitätspanel Bericht*, 2011）」としてとりまとめられた。そのなかで、自治体がどれくらいの予算を自転車交通に振り向けるべきなのか、これまでの自治体の経験値がまとめられている。

そこでは、自治体には毎年、市民１人あたり、最低でも以下の予算を投入することが推奨されている（当然、州や連邦などからの助成措置も併せて）。

1. 自転車道・レーンの新設・拡張・維持管理について6～15ユーロ/年・人（うち1～3ユーロが維持管理のための専門行政職員のコスト）
2. 公共空間における駐輪場の整備に1～2・5ユーロ/年・人
3. 市民に対する啓発や普及などソフトの分野に0・5～2ユーロ/年・人
4. レンタサイクルの運営、看板設置など最低限必要な維持管理なども考慮し、合計8～19ユーロ/年・人以上の予算を、毎年継続的に投入する必要がある。
5. 複数の自治体を網羅する過疎地の郡などにおいては、郡・広域連合における予算投入は、インフラに0・3～4・7ユーロ/年・人、ソフトに0・5～1・5ユーロ/年・人の合計1～6ユーロ/年・人が必要とされる。

たとえば、人口5万人規模の自治体では、自転車交通関連予算枠として毎年40～95万ユーロ（約5千万～1・1億円）の予算を確保することが求められる。

農村部では、広域地域圏を構成するそれぞれの自治体が押しなべて予算を投入する必要があるが、たとえば人口規模が5000人の農村なら、少なくとも5000～3万ユーロ（約60～400万円）の予算を継続的に投入していく必要がある。公共交通の推進と比較すると、自転車交通は驚くべきほど安価な投資で推進できることがわかる。

ちなみにドイツでは、すでに１９７０年代には「自転車に優しい自治体」というキャンペーンによって自転車交通を推進する先進自治体に対して先導型の助成措置を実施しており、80年代には国道の拡張・改修・新設の枠組みのなかに自転車道・レーンの設置を含めるように予算措置を実施している。２００２年の第一次国家自転車交通計画（２００２～12年）の策定以来、第二次国家自転車交通計画（２０１３～20年）が策定された２０１２年までの10年間で、実に８・８億ユーロ（約１１００億円）を国道沿いの自転車道・レーンの建設と維持管理のために予算化している。これは農村部で自転車交通を大々的に推進する際の大きな支援となった。

ドイツの標準示方書「ＥＲＡ」

次に、その予算の使い方について言及したい。ドイツでは、総合的な自転車交通インフラのための標準示方書が準備されている。この示方書に従うことで、行政はそれほど経験値や知識がなくても、自転車交通インフラを整備してゆくことができる。

自転車交通のインフラ整備のための示方書は「ＥＲＡ（Empfehlung RadverkehrsAnlage：自転車交通インフラのための推奨書）」と呼ばれる。ＥＲＡとは、道路交通法規に従った形で、専門能力の高い公益団体が、官庁、法律家、技術者、大学、コンサルタント、業界団体などを交えて議論を重ね、その結果発行されている技術標準示方書のうちの一つで、１９８２年にはじめてつくられた。その後１９９５年、そして２０１０年に、自転車交通を推進したがために生じた問題（事故や盗難などの問題、市民から寄せられる快適性の向上を望む苦情）をより良く解決するためにＥＲＡは全面改訂されている。

標準示方書とは、公共のインフラ整備を行う際に、設計者がどのような技術基準を目安にして設計し、施工者がその設計図をどのように施工してゆくのかを取り決めたものである。これは、効率の面からも、安全の面からも、そして同じ法律下にある国土全体の公共インフラの整合性の面でも、なくてはならないバイブルだ。たとえば、アスファルト道路を整備するとき、使用する素材から素材の持つ機能、幅員や勾配などにおけるまで、一つ一つ設計者が吟味していたら、いつまでたっても設計は完了しない。

日本の道路整備の場合には、道路法の規定に基づき、道路構造令が一般的な道路の構造的な技術基準を定めている。また現実的な運用においては、法令だけでは足りない部分も多いため、公益社団法人日本道路協会から「道路構造令の解説と運用」が発行されており、その他にも道路に関連するものとして「コンクリート標準示方書」「トンネル標準示方書」「道路橋示方書」などがある。

極端な言い方をすれば、役所の設計課や設計の仕事を請けるコンサルタントは、この示方書に従っていさえすれば、自身の責任を問われる可能性はなくなるという優れものだ。

もちろん、日本でもそうした設計基準的なもの、ガイドライン的なものが、自転車道のために準備されているが、各地で事情が異なったり、歩道と一緒にされていたり、車道や橋梁、トンネルなどと比較すると、包括的に自転車交通インフラを促進するためのものにはなっていない。

この説明を、ここでわざわざしたのには理由がある。標準示方書とは、一方では地域の事情や市民の想いなど独自のアイデアの実現を阻む、ときには法律と同じ効力持つ厄介な代物である。同時に、日本の示方書は、安全という錦の旗の下、関係業界の利害が絡んだオーバースペックのものも多い。この示方書に従わない公共工事には補助金がつかないのが通例であるから、おのずと税金の無駄遣いにもつながり、地方自治を阻む大きな障害として立ちはだかっている面もある。

しかし、示方書があればこそ、全国規模で統一した自転車のためのインフラ整備を迅速に行うことができる。その運用面での効果は絶大だ。

この事情はドイツでもまったく同じで、こうした示方書がいったんできあがると、行政はそれをバイブルとしてかたくなに守り続ける。とりわけ、前項でビギナーとされた自治体では、経験値がないため、このような示方書が存在していることは大いにポジティブに働く。

ドイツの技術標準示方書類について説明する。ドイツでは道路交通に関して「道路交通法」とそれに関連する四つの法規があるが、そのなかでも道路インフラにもっとも関連するものとして、交通ルールを定めた「道路交通法規」が制定されている。それ以外にも国道と高速道路の建設に関する法律や、州が州道や自治体道などの建設を規定している道路関連の数多くの法律がある。

ただし、こうした法律を遵守するだけでは道路は設計できない。連邦政府や省庁、そして各州は、要綱（Richtlinien）、注意書き（Merkblatt）、指導書（Leitfaden）、指摘書（Hinweise）、推奨書（Empfehlung）など数限りないルールを書類として準備しており、それをツールとして現在のインフラが整備されている。

ドイツでは、道路インフラを設計する際に有効な技術標準示方書が40ほどあるが、とりまとめて「道路建設要綱」と呼ばれている。これらは3文字か4文字のアルファベットの頭文字で呼ばれるのが普通で、ここで取り扱うＥＲＡ（自転車交通インフラのための推奨書）のほかに、ＲＡＳｔ（都市道路設備のための要綱）などと表示される。歩行者用の設備であればＥＦＡ、公共交通であればＥＡＯＥ、信号機であればＲｉＬＳＡ、騒音防止であればＲＬＳといった具合に、その対象となる交通施設や交通手段、状況ごとに標準示方書が準備されているのが特徴だ。

これらの標準示方書は、日本のＪＩＳにあたるドイツ工業規格（ＤＩＮ）をベースにしており、各示方書が制定・改編される際には、ＮＰＯ法人であるドイツ工業規格協会と共同で作業にあたることが通例である。

自転車交通のインフラ整備の示方書ＥＲＡは、連邦交通省の管轄にある「道路関連・連邦行政機関（ＢＡＳｔ）」とＮＰＯ法人「道路／交通関連のための研究所協会（ＦＧＳＶ）」によって作成された。ＢＡＳｔは、道路交通に関連する研究プロジェクトや規格をコーディネートする公的機関であり、職員400名を抱えている。ＦＧＳＶは交通の専門家2100名が学術会員として所属し、89の学術研究委員会と149の研究チームを組織している。ほとんどの専門家（設計者、コンサルタントから大学教授、官僚・行政職員の退職者、建設会社社員など）がボランティアでこの活動に参加しており、具体的なプロジェクトがある場合のみ個別にそのための報酬・費用を得ている。

ＥＲＡは6部で構成されており、以下のような内容である。

第1部：自転車交通設備の目的と基本事項
第2部：自転車交通設備の名称とその定義、種類とそれぞれの関係
第3部：設計を進める手順
第4部：自転車交通設備の実際の設計
第5部：駐輪場、案内板などその他の自転車関連設備の設計
第6部：施工と維持管理

このなかでも、とりわけ第4部の「自転車交通設備の実際の設計」がＥＲＡの中心である。その冒頭に示されている設計の指針を紹介する。

4・1・1　総合的な設計指針
市街地内の主要道路は、自転車交通のネットワークの重要な接続部分である。同時に、ここには数多くの機能と目的が集中している。それゆえ、以下の根源的な要求を考慮するものとする。
「自転車交通者に対し、主要道路沿いには途切れることのない通行設備を提供すること」

土地の状況、自動車交通量とスピード、その土地への進入交通の密度、合流・交差点の状況、交通事故の発生状況などを配慮したうえで、自転車交通者を車道上に、あるいは例外的には歩道上に分離した形の自転車レーンに、あるいは専用の自転車道のどれに通すか検討する。区間ごと、交差点ごとに、異なる交通手段を検討することは目的に適ったことである（筆者注：途切れることなく通すことが第一に重要であり、その種類・形態に固執することで、途切れてしまっては意味がないという意味）。

自転車交通を通過させる手法は、その該当する道路と交通の事情によって自由に設定することができる。ただし、ある手法を選択することは、可能性とともに問題点をも同時に選択することになる。

配慮が足りない自転車交通の走行設備は、逆に危険エリアとなる。十分な広さと品質の自転車道・レーンを提供できない場合は、基本的には車道をそのまま走行させた方が安全なことが多い。

最小限の設備同士（たとえば、幅の狭い自転車道の横に幅の狭い歩道）は、組み合わせて利用してはならない。歩道の幅を一定区間にわたって削ってはならない。もし、自転車交通を車道に通すことにしているのであれば、その車道は自転車交通に配慮した速度にしなければならない（下表）。（後略）

1日あたりの車交通量	交通85%の場合の速度
15,000台以上	40～45 km/時
5,000～10,000台	50 km/時
5,000台以下	60 km/時

またERAでは、通常の自転車レーン幅を最低でも1・5メートル、理想は2・0メートルと設定しているが、標準を1・6メートルとしている。これは、片側通行でかつ車道側の時速が50キロメートル以下の場合であり、一つの自転車レーンに両側通行させる場合や脇を走る車の速度が上昇すると、自転車レーンの幅や保護帯も当然広くとる必要がある。

この指針からも読みとれるように、現在では、歩道を分割して自転車レーンをつくるという措置はとられなくなった。自転車が関与する事故の分析の結果、車道脇にレーンを設けた方が、絶対的に安全性が高まることがわかったからである。もちろん、過去に実施した経緯から、今でも歩道をマーキングなどで区切って自転車レーンにしているところも残っているが、道路修繕のタイミングなどに車道側にレーンを移す対策を行っている。

これは、交通事故の訴訟で道路利用について議論になった際に、歩道を分割して自転車レーンとしているケース、あるいは車道脇に最低2・0メートル前後のレーン幅が確保されていないケースでは、自転車は必ずしもそのレーンを通行する義務はなく、道路交通法規にあるように、車道の右側を通行していればよいという判例が出ているからであり、新しいERAではそうした判例なども総合的に考慮して改善されている。

こうした技術標準示方書は国を挙げて大規模に、迅速にインフラ整備を行う際には整備が必要な対策の一つであるだろう。

道路利用の変化

それでは、実際にフライブルクのエシュホルツ通りにおける道路の標準断面図から、その利用形態の移り変わりを確認してみよう（図3）。

この通りは現在、1日に2・8万台を超える交通量のある幹線道路である。1987年までは片側2車線で車が通行していた。制限時速は50キロメートルであるが、余裕のある道路のつくりが許容速度をオーバーする交通を誘引していた。その交通量の多さと速度から、通り沿いの住環境の質は低下し続けていた。

その後1987年には、車道が片側1車線に削減され、駐車帯の設置や左折車線の追加、一部にバスレーン・余裕のあるバス停留所の設置などが行われた。このときの制限時速も50キロメートルのままだったが、幅の広い歩道を分割する形で自転車レーンが設けられていた。

とりわけ自転車交通が危険にさらされるのは、1987年以降のスタイルで、車道から見て駐車帯の裏側を自転車が通過しており、自転車がこの道を横断する際、あるいは交差点で車が右折する際に、車から見えにくいところから自転車が現れるため事故が発生しやすかった。

こうした設計はもはや時代遅れとなり、ERAの1995年の改訂以降では一切用いられなくなった。中途半端な自転車レーンであれば、それをつくらず、むしろ車道の脇を走らせた方が安全が高まることが経験的にわかったのである。4章のシェアド・スペースの項でも取り扱ったように、車の運転者は自転車を危ない、邪魔だと感じながらも、不安が増大することで「よく確認する」よ

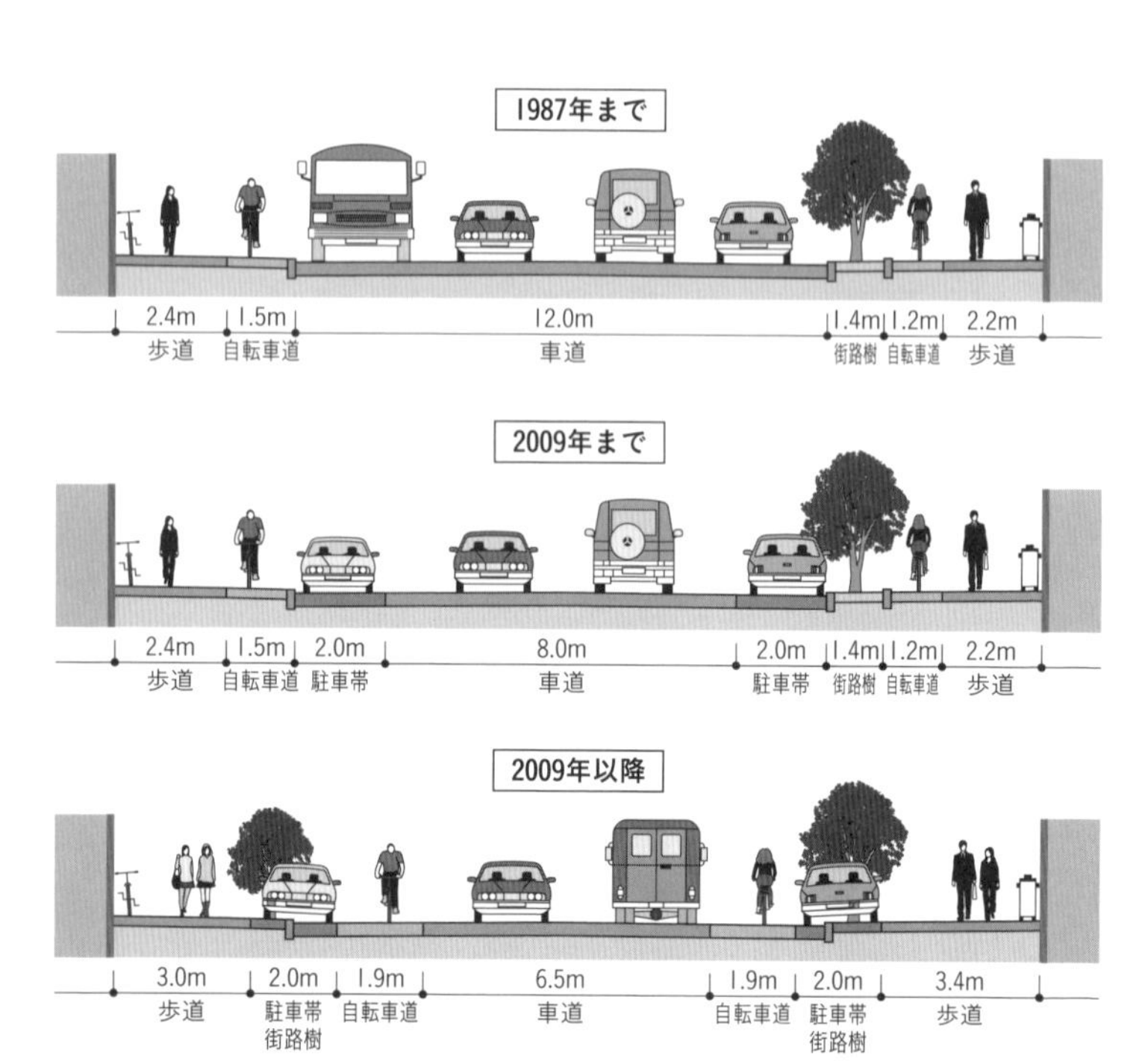

図３　フライブルク中心部の幹線道路エシュホルツ通りの道路断面の移り変わり
（出典：Stadt Freiburg, Garten und Tiefbauamt）

うになるからである。

そして２００９年からは、図３のように街路樹帯の一部を駐車帯とし、車道と自転車レーンが隣接された。現在では、この形がもっとも安全だといわれており、フライブルク市では予算と都市空間がある限り、積極的にこの道路形態への切り替えを行っている。ちなみに、現在の制限時速は、日中は50キロメートルのままだが、22時以降の深夜は騒音防止のため30キロメートルに制限されている。

自転車道路の高速化

現在の欧州では、自転車交通

量が多い幹線ルート、あるいは交通量を増加させたい幹線ルートを、より高速かつ快適に移動できるルートに改良していく対策が図られている。この対策の目的は、自転車交通によってカバーされる距離、範囲を飛躍的に向上させること、そしてこれまで自動車あるいは公共交通で担ってきた通勤・通学の移動を自転車で代替することである。

こうした高速型の自転車インフラを「自転車高速道」と一般的に呼ぶようになったが、ドイツには、自転車高速道についての法的な枠組みはいまだに存在しない。

しかし、ERAを補填するために専門家らによって作成されたワーキングペーパーなどでは、包括的にこの「自転車高速道」について言及され始めており、今後ドイツ国内で統一の交通インフラとなるのは時間の問題だろう。

現在議論されている自転車高速道の定義は、以下のようなものである。

- 自転車交通の高速化、インフラの高機能化、交通量の大容量化への対応を同時に図ること。
- 少なくとも5キロメートル程度の延長は途切れずに貫通しており、走行時速30キロメートル以上に対応していること。
- 2台の自転車が並走しながらも、無理なく追い越しが可能であること（3台並走できるという意味）。

・できる限り直線で移動させ、迂回させないこと。
・交通総量の増大するエリアでは、信号機との連携を図り、自転車交通の優遇措置を図ること。
・交差点では自転車高速道を優先し（州道レベルに引き上げる）、自転車専用の交差用のインフラ（国道などの幹線車道を横切る際は、車の速度を低減させ、横断を容易にする安全地帯の設置など）を設けること。
・夜間の電灯照明の設置、除雪優先措置など、利用者の安全管理を図ること。
・自転車交通のサービスステーション（駐輪場、空気入れなど簡易な修理設備を備えたインフラなど）の設置を促進すること。
・自転車のための交通案内板を設置すること。

以上のような自転車高速道に関するインフラを設置する場合（橋梁やトンネル、上下交差などの特殊インフラ工事は考慮しないで）、設置費用は、オランダでの経験ではおよそ1キロメートルあたり50～200万ユーロ程度（約6000万～2・5億円）かかるという。まったくの新設ではなく、既存の自転車道・レーンを改良する場合であれば、ドイツでも1キロメートルあたり30～80万ユーロ程度（約3500万～1億円）の投資額が必要になる。車用の高速道路は、日本の場合で1キロメートルあたり50億円を軽く超えていることと比較すれば、安価な投資だといえる。

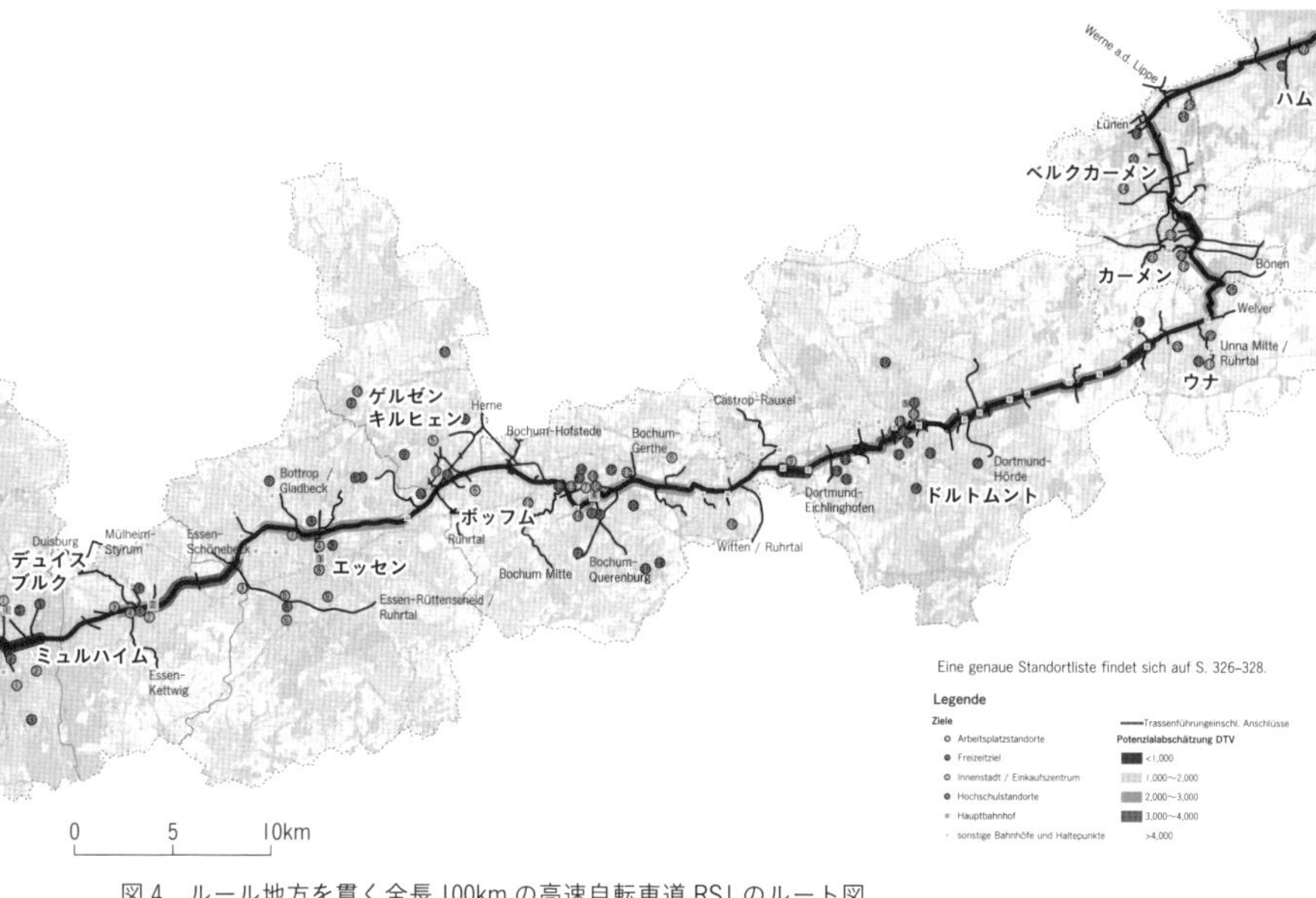

図4　ルール地方を貫く全長100kmの高速自転車道RS1のルート図
（出典：Regionalverband Ruhr, *Machbarkeitsstudie RS1*, 2014から作成）

前述の通り、ドイツにおいて自転車高速道は国の統一基準がなく、道幅や段差、交差点の優先度合い、信号機との連携などのインフラや管理については地域によって大差がある。そのなかでも、高低差がそれほどない地形で、自転車先進国オランダに地理的に近く、ドイツのなかでも先駆けて自転車交通を推進してきたノルトライン＝ヴェストファーレン州の「ＲＳ１（ルール自転車高速道1号線）」は、統合的かつ先進的である（図4）。同州では、２０１１年から自転車高速道に関わる総合計画の策定を開始している。

ＲＳ１は、全長１００キロメートルという途方もない延長を持つ自転車高速道で、とりわけルール地方の都市群における通勤交通を快適かつ高速にするために計画されている。また、このＲＳ１は州道に規定されたため、すべての市町村道よりも優先権を持つようになった。この高速道により、デュイスブルク（人口49万人）、ルール川のミュルハイム（人口17

ントトムドルトム（人口59万人）、ボッフム（人口36万人）、ドルトムント（人口59万人）、ウナ（人口6万人）、カーメン（人口4万人）、ベルクカーメン（人口5万人）、そしてハム（人口18万人）といった都市がつながっている。ちなみに、ドイツでもっとも都市が連なり、人口が集中しているのがこのエリアであり、このRS1が貫通するルール地方（ルール川沿い地方）は都市圏人口500万人を抱える。

なお、2014年に完了した実行可能性調査（フィジビリティスタディ）では、このRS1プロジェクトの費用対便益は、それぞれの想定シナリオに応じて1・8〜4・6という高い評価が得られている（コスト1に対して、便益が1・8〜4・6得られるという意味）。

2015年末までにはミュルハイムとエッセンをつなぐ第一工区が完成しており、ノルトライン＝ヴェストファーレン州の威信をかけたプロジェクトだといえる。ノルトライン＝ヴェストファーレン州では、2013年には、ルール地方以外の州内でもアーヘン、デュッセルドルフ、ケルンなどを中心とした合計5路線の自転車高速道の構想をすでに手掛けている。もし、これら5路線がRS1と並んで実現されれば、合計総延長250キロメートルを超える自転車高速道が開通することになる。ロンドンのサイクル・スーパーハイウェイやアムステルダム、コペンハーゲンだけでなく、欧州ではいたるところで自転車交通の高速化が大変な勢いで進められている。

提供：SBK

6章
交通のIT化とシェアリングエコノミーは地域を幸福にするか

拡大を続けるカーシェアリング

スイスとドイツで始まったカーシェアリング

１９８４年にスイスで誕生したカーシェアリングは、１９９０年代に入ってスイスやドイツで市民協会、市民組合、市民株式会社などの自助組織の形態で普及した。

スイスでは、カーシェアリングの普及に伴い、１９９７年には政府の推奨で、二大カーシェアリング組織が「モビリティ・カーシェアリング・スイス組合（Mobility）」として合併した。スイス鉄道、各地の公共交通、全国展開するスーパー（生協）などと提携して幅広いサービスを取り入れ、政府や自治体も支援することで、公共交通を補填する交通手段としてタクシー等と同格に扱われるようになった。

２０１５年末までに、Mobility は年間７４００万スイスフラン（約85億円）を売り上げ、従業員１９０名を抱えている。12・7万人の利用登録者のうち46％が組合員（出資・利用者）で、スイス全土の１４６０カ所のデポ（車の貸し出し、返却ができる駐車場）に配置された２９００台の共有車を利用している（43利用者／台）。人口８２５万人に対して、カーシェア利用人口率が１・５％を上回るなど、スイスは世界でもっともカーシェアリングが普及している国である。

スイスと並んでもう一つの先進地だったドイツでは、１９９０年代にカーシェアリングを運営す

ドイツでは自治体が望めば都市計画上、道路脇の公共の駐車帯に、障がい者専用、タクシー専用などと並んでカーシェアリング専用の駐車帯を指定できるようになっている。2017年の道路交通法規の改正でドイツ全土で共通の標識とルールが確立する予定だ。写真はフライブルクのトラムの停留所の道路脇に設置されたカーシェアリングのデポ

る市民協会（ＮＰＯ）や市民株式会社（出資・利用者割合が高い）が各地で乱立するようになった。その後も、スイスのように全国組織に統合されることはなく、ドイツ鉄道や自動車メーカーなど大手民間企業もカーシェアリング市場に参入する形で普及が続いている。

とりわけドイツにおいてカーシェアリング市場に大きな変化が訪れたのは、２００８年から試験的な運用が開始されたCar2Go（有限責任会社）の躍進である。ダイムラー社が主要株主となり、欧州のレンタカー最大手のヨーロップカー社も参画するCar2Goは、一般的なカーシェアリングのように、定められたデポに、決まった車が配車される形態ではない。サービスを提供する自治体との連携で、地域の決まったエリア内に多数設置された駐車場であれば、どこでも乗車・乗り捨てができる。このデポに依存しない形態のカーシェアリングは、シティカーあるいはフリーフローティング型のカーシェアリングなどと呼ばれることもある。

２０１５年末のドイツ・カーシェアリング連盟の統計に

よると、ドイツでは５４０の地域でカーシェアリングが実施されており、総会員数は１２６万人、共有車は1万６１００台登録されている（78利用者／台）。１台あたりの利用者数がスイスよりもかなり多いのは、シティカーのサービスによって、頻繁にカーシェアリングを利用しないが、登録はしている利用者が飛躍的に増加しているからだ。在来型（デポ型）のカーシェアリングの会員数は43万人、共有車が９１００台（47利用者／台）であるのに対して、フリーフローティング型のカーシェアは12の大都市で、会員数は83万人、共有車は７０００台（１１９利用者／台）で普及している。

ドイツでは人口８０８０万人に対して、カーシェア利用人口率は１・５％とスイスと同レベルを誇るが、このフリーフローティング型の会員数を在来型のカーシェアリングとどこまで同列に扱うのかで意見が分かれるところであろう。

ドイツで利用者数1万人以上のカーシェアリング組織には、StadtMobil、teilAuto、Cambioといった、もともと市民協会などの自助組織を発祥とする市民出資型企業と、Flinkster（ドイツ鉄道が出資）、Greenwheels、DriveNow（ＢＭＷ社とレンタカー大手Ｓｉｘｔ社が出資）、Car2Go（ダイムラー社とレンタカー大手ヨーロップカー社が出資）といった民間型の組織があり、同一都市に複数のカーシェアリング企業が進出して顧客獲得競争を展開していることも珍しくない。

また、カーシェアリングが導入された初期には、センターに電話で予約し、車の鍵を会員が共有するキーボックスに入れたり、走行距離と使用時間を記録用紙に書くなどのスタイルから始まっているが、現在はネットで予約し、非接触ＩＣカードで車に乗り込み、記録は自動的にボードコンピュータで行うようになっている。とりわけフリーフローティング型のカーシェアリングは、GPSによってその駐車位置がスマートフォンで確認できるようにならなければ普及しなかった。まさにIT化によって普及した交通手段といえるだろう。

アメリカと日本のカーシェアリング

スイスとドイツに続いたのが、アメリカである。自転車先進都市としても有名なポートランド市（オレゴン州）で1998年に生まれたカーシェアリングは、2000年にシアトルで誕生したフレックスカー（Flexcar）、同時にケンブリッジで生まれたジップカー（Zipcar）が2007年に合併すると、大きな大学が立地する学園都市を中心に普及した。

信頼できる統計データが見つからないものの、2015年時点でアメリカのカーシェア利用者は90万人を超え、共有車は1・2万台を超えていると推測される。そのうち、世界最大手企業となったジップカーが会員数70万人以上、共有車1万台程度と支配的だ。

また、スイスのMobility、ドイツのCar2Go、DriveNow、Cambio、そしてアメリカのジップカーなどは、すでに世界中の大都市でカーシェアリングを提供している。

そして日本である。1990年代には各種の社会実験やNPOによる小規模な取り組みに終始していた日本のカーシェアリングも、2002年にオリックスが参入し、2005年にタイムズ24も参入したことで、2010年ごろから、とりわけ首都圏を中心に普及し始めた。

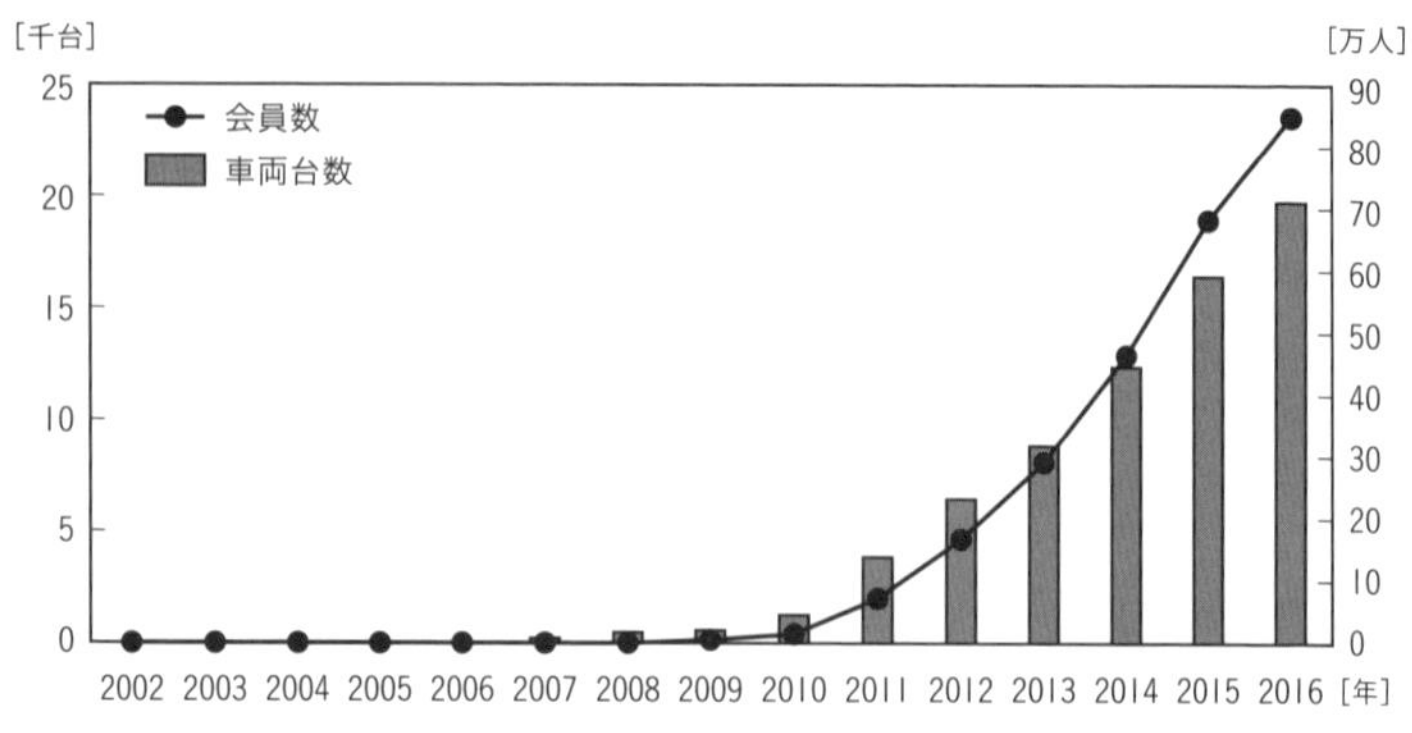

図1　日本のカーシェアリングの普及推移（出典：交通エコロジー・モビリティ財団）

交通エコロジー・モビリティ財団の調べによると、２０１６年１月の時点で、１万９７００台の共有車を84・６万人が利用している（43利用者／台、図1）。カーシェア利用人口率は０・７％と、スイスやドイツの数字とは比べものにならないが、大都市圏在住者にとっては一般なサービスとして普及しつつある。

ただし、アメリカと同様に、民間大資本の企業が主体で、タイムズカープラスが60万人の会員と１・４万台の共有車、オリックスカーシェアが15万人の会員と２３００台の共有車という二強によって国内の９割の会員と８割の共有車が占められている。

資本投入がすべてのビジネス

スイス・ドイツ以外の欧州の国々、カナダ、アジアなどでも同様に、カーシェアリングやシティカーなどの車の共有ビジネスは、レンタカーと同様に成長を続けており、今後もとくに新興国などでの飛躍が期待されることから、その市場規模はますます増加していくと予想されている。

ただし、本書では、市民サービスの低下や消滅に脅かされている人口減少・高齢化地域において、地域経済を活性化しながら、移動の自由を保障できる交通を推奨している。その意味では、カーシェアリングという交通手段は、マイナスにはならないが、ほとんどプラスの影響を与えることがないだろう。

理由は二つある。

一つには、これまで世界中で実践されてきた小都市や農村部におけるカーシェアリングが、ことごとく失敗しているという歴史的な事実がある。日常的に公共交通などのサービスをほとんど享受することができない地域では、1世帯に最低1台のマイカーが必要であることは、どの国でも同じである。だからこそ、1世帯が2台目の車を所有する代わりに、カーシェアリングの共有車を普及しようという試みは、すでに1990年代から各地で実践されている。

ただし、ドイツや日本のように、安価な中古車や小型車が流通する国では、セカンドカーに対するコスト負担がそれほど大きくない。首都圏などの都市部では、多額の駐車場代が発生するためセカンドカーは敬遠されやすいが、地方都市ではそのような駐車場不足によるハードルもない。そうした地域ではカーシェアリングを立ち上げても、利用者を十分に集められなかったり、良い取り組みだと市民から評価されて登録者は集まったものの、結局のところセカンドカー所有という利便性と経済性に勝てず、カーシェアリングの売り上げが伸び悩むことになる。

ドイツでも、農村部のカーシェアリングを支援する試みが行われたが、セカンドカーを手放して、カーシェアリングが大々的に増加したところは存在しない。つまり、カーシェアリングは人口減少、高齢化、市民サービスの低下などの市場が縮小するような局面では、マイカー交通を代替するような交通手段になりえていないのである。

二つ目の理由は、資本投入がほとんどすべてといってしまってよいビジネスであるからだ。たとえば、私が『キロワットアワー・イズ・マネー』(いしずえ)でも指摘したように、太陽光発電などの再生可能エネルギービジネスは、地域から流出するエネルギー購入費用を、域内の発電施設の設置、メンテナンスなどに置き換えられることから、地域経済を活性化させる対策のなかで、もっとも効率が良く、ハードルの低い取り組みである。

しかし、その太陽光発電が、地域の住民、中小企業、あるいは自治体によって投資された場合にしか、域内GDPの増加は期待できないことも指摘している。つまり、東京の大資本がどこかの農村にメガソーラーを建設しても、農村の経済は活性化されないということだ。それは、その農村には、メガソーラーの部品などの製造業者はおらず、建設工事は地域に下請けで発注される可能性もあるが、いったん建設が終了してしまえば、あとは設備が勝手に発電するしくみになっていることから、地域における雇用効果も、税収の増加もほとんど期待できない。その事業の利益を享受する投資者が地域にいないと、地域の経済を活性化することにはならないのだ。

この投資がすべてという事業は、カーシェアリングやレンタカーというビジネスにおいても同じである。

　最近のレンタカーは常に新車同様の車が配車されている。これは、資本効率の向上のみを追求してきたために発展してきたビジネスモデルだからである。

　自動車メーカーは、一般の顧客に対して、その販売ノルマがどれほどであろうとも、大幅に値引きして新車を販売することはあまりできない。最終消費者に足元を見られてしまうと、メーカーの希望する小売価格で販売することが叶わなくなってしまうからだ。これは、製造業の高度な効率化によって、市場が常に需要よりも多くの車を製造できてしまう供給過剰に定着してしまったことに起因する。

　しかし、自動車メーカーは販売目標数の車は、つまり製造してしまった（もしくは、製造してしまわなければならない）車は捌かなければならない。そこで、レンタカーやカーシェアリング事業者が大口の買い手となるのだ。彼らは常にその新車の大量の引き受け先になることで、大幅な値引き交渉をして、新車を手に入れることができる。その仕入れ価格は、走行距離数が短く、半年から1年落ち程度の中古車とほとんど変わらない。それどころか、彼ら自身がそうした新古車ともいえる中古車の市場を形成するペースメーカーであったりする。

　このように先進国で営業されているほとんどのレンタカーやカーシェアリング事業者は、仕入れ値と再販売価格に差が出ないように（つまり投入した資本が減じないように配慮して）、一定期間、一定走行距離数になると素早く車を入れ替えている。レンタカーやカーシェアリング事業者にとって、常に新しい車を提供できることは顧客獲得に有効で、故障やメンテナンスなどの費用もほぼゼロに圧縮できる。たとえ車を短期間しか利用しなくても、常に入れ替えをして必要な台数さえ確保しておけば、継続的にレンタカーやカーシェアリングによる売り上げは期待できる。

もちろん、レンタカーの場合、自動車の登録、再販、洗車や清掃、受付などを人手に頼っているため、わずかな雇用創出にはつながるが、そのほとんどはバイトやパートであり、とりわけカーシェアリングの場合は、いったんシステムを導入すると人手はほとんどかからないため、そのわずかな雇用創出までもが大幅に削減される。

結局のところ、カーシェアリング事業に資本を投下する株主が地域に存在せず、大手主導でサービスが運営されている状況では、ある一定量のマイカーを代替したとしても、地域経済を潤すことにはつながらないのである。そして、新車の購入価格は購入量に左右されるため、地域の小規模事業者は全国展開している大手には端から叶わない。

それに対して、1990年代に始まった当初の自助組織型のカーシェアリングであれば、その地域に居住する利用者が資本を投資し、安価で信頼性が高く、長持ちするスタンダードな車を購入して、それを廃車になるまでメンテナンスをしながら、長期間利用し続けて、事業を行う形態だったため、マイカー所有がカーシェアリングで代替される分だけ、地域経済を活性化させる可能性があった。

しかし、日本などの多くの国ではそのような事例は普及しなかった。つまり、カーシェリングは市場としては今後も拡大してゆくだろうが、本書でいうところの地域経済の活性化にはつながらないのである。

　このような「資本投入がすべてというビジネスモデル」というのは、次節で紹介する自動運転車による公共交通の類似サービスの場合も同様である。

自動運転車とウーバーの可能性

活況を呈する自動運転車市場

　2016年現在、車が人間よりも正確に、円滑に、事故も違反もなく、自身で自動に運転できることは、議論する余地のない事実となっている。大手自動車メーカーはこの分野で生き残りをかけた熾烈な争いを水面下でしているし、実際に渋滞時の追従運転や高速道路走行時のアシスト運転、駐車・車庫入れのアシストなど、市販車にもこの手の技術は矢継ぎ早に搭載されるようになった。

　またテスラに代表されるような電気自動車（EV）とIT化を一体化したような新しい自動車や、IT大手のグーグルを筆頭に揃ってこの自動運転市場に参入している。

自動運転車が社会に与える影響

　基本的には、運転手が運転に関わるすべての責任を放棄できたり、無人で運転したりする完全自動運転車が社会に普及するためには、次のような問題をクリアしなければならない。

・イレギュラーな行動をする人間が運転する車と自動運転車が混在することによる危険性の問題
・事故の際の責任など法的な問題
・ITのセキュリティの問題
・価格の問題
・プログラム上の倫理的な問題（緊急時に、乗客を生かす判断を優先するのか、歩行者を生かす判断をするのかなど）

技術の進化に社会が追いつかないというこれらの問題が内包されているため、完全自動運転車がマイカーとして、大々的に普及するにはある程度の時間がかかるはずだ。そして、完全なる自動化が普及されないことには、既存の公共交通やタクシー、マイカーなどを根底から覆すことはないと思われる。

もし完全自動運転車が社会に普及したときは、たとえば、無人の自動運転車が街角に待機していて、あるいは市内を巡回していて、スマートフォンのアプリでそれを呼びだした者が、移動を自動運転車に任せるようなサービスが真っ先に登場するだろう。そうなれば、人の運転によるタクシーはほぼ消滅するだろうし、そもそもマイカーを所有しようと考える人も大幅に減るかもしれない。同時に、それほど大量の乗客を処理する必要のない公共交通（まちづくりという掛け声のもと助成金で無理やり導入された路面電車や市内循環バス、乗り合いタクシー、客貨混載のバスなど）は、間違いなくこの自動運転サービスで置き換えられる。

2015年から開始されているスイスのポストアウトの完全自動低速運転のバス、スマートシャトル
（提供：Postauto社）

完全自動運転車が実現した未来の交通は、どのように組織されているのだろうか。私はまだうまく想像できないが、もしそれが日本の多くの地域において、大量の団塊世代がマイカーに乗れなくなる２０２５年までに普及するなら、買い物難民、医療難民と化す多くの人びとに、移動の利便性を提供する福音になるかもしれない。

すでに２０１５年からスタートしたスイスのポストアウト（郵便バス）のプロジェクトや、２０１６年以降オランダやドイツなどの欧州各地、そして日本でも秋田市などで開始されている自動運転の低速小型バスサービス（自動シャトルバスサービス）は、２０２０年ごろには一般化されているはずだ。

人件費がかかりすぎるため公共交通を通せない、あるいは運行間隔を密にできないといった問題は、この低速自動シャトルバスで解決できる日が近い将来やってくるだろう。公共交通を提供する事業者であれば、一般的なマイカーとは異なり、事故の際の責任の所在や保障、セキュリティ、価格などの問題に素早く解決の目途をつけられる可能性があり、低速であれば重大事故の確率が飛躍的に減少するからだ。

ただし、ここで再度、カーシェアリングの項で述べた「投資がほとんどすべてというビジネスモデル」を再考してほしい。自動運転型のバスは、地域において製造することもできなければ、その高度なＩＴをプログラムしたり、メンテナンスしたりすることもできないだろう。

また、こうした車両が電気自動車化されると、現在のガソリンやディーゼルエンジン車とは比べ物にならないほど地域の修理・整備工場に仕事は落ちない。電気自動車はモジュールを交換したり、プログラムをアップデートすることで済んでしまうからだ。

さらに、地域にもっともカネが落ちる人件費の面では、自動運転車では当然運転手や配車管理の仕事は必要ないし、せいぜい車内清掃くらいしか仕事を生みだせない。

つまり、こうした交通が普及されたところで域内ＧＤＰの増大にはつながらないのだ。

ウーバーの圧倒的な普及

旅客輸送に関わる法規制がそれほど厳しくない国において、あるいは法規制がウーバーの進出で改正されてしまった国において、白タク配車・マッチングアプリのウーバーＸ（UberX）による交通サービスの普及には目覚ましいものがある。

ウーバーとは、アメリカのウーバーテクノロジー社が提供する配車アプリサービスで、利用者はすでに延べ20億人を優に超え、２０１５年のアプリ経由での売上規模は１００億ドル（約1・1兆円）を超えている。

ウーバーでは多種多様なメニューが実用化されている。旅客輸送に関わる法規制が厳しい国では、タクシーの注文・配車は、競合する既存の配車アプリを押しのけて、世界でほとんど一強のような形で普及しており、日本でもそのサービスは拡充中である（UberTAXI）。あるいは、二種運転免許証や営業登録などの各種の規制をクリアしたリムジンサービス（UberBLACKなど）も日本を含む世界中で提供されている。また、素人がピザの配達を代行するような旅客輸送とは関係のないサービスも各国で始まっている（UberEATS）。

ただし、ウーバーの圧倒的な普及のカギは、許認可や登録、旅客運搬に関わる免許証や車の点検証明など、本来ならば顧客輸送の安全性、信頼性のためにコストをかけるべきものをすべて排除して、顧客と運転手の相互評価という指標だけで安全性を担保し、従来のタクシーよりも安価に移動を提供するマッチングサービスによるものである。

ウーバーX的なるもののインパクト

ここでは、この「ウーバーX的なるもの（＝白タク配車・マッチングサービス）」が普及してゆく先に、何が待ち受けているのかについて、考察してみたい。

ウーバーX的なるものの普及は、都市部においては既存のタクシー会社と競合し、料金が安価になったり、ウーバーの運転手という新しい仕事を生みだしたり、市民の暮らしや働き方にある程度の変化を与えるだろうが、当面は移動というものを劇的に変化させることはないだろう。

しかし、ある一定量の普及が進むと、運転手の確保や料金競争で勝つ見込みのないタクシーはほぼ消滅するだろうし、マイカーを所有する人も減り、それほど大量の乗客を処理する必要のない公共交通はウーバーXのサービスで置き換えられる可能性は高い。

そのときは、移動のサービスが機械（投資のみ）ではなく、運転手の仕事が発生し、購入したのに稼働していない機械（マイカー）の稼働率が向上するという意味では、短期的には域内GDPを増加させる可能性もある。とはいえ、注意しておきたいのは、このウーバーは来るべき時期に配車をすべて完全自動運転車で行うことを会社の理念として掲げているから、一時的に地域経済の活性化が見られたとしても、それはそれほど長くは続かないだろう。

つまり、都市部の総合的な交通計画を立てる際には、このウーバーX的なるものはそれほど考慮する必要はなく、すでに指摘したように、移動距離の短い都市計画、マイカー交通の抑制、自転車交通の推進を第一として進めてゆけばよい。

しかし、農村部での取り組みにおいては、一考しておく必要がある。そもそもウーバーX的なるものを提供しようとする企業にとっては、農村部は、それほど大きな利益を期待できないことから、かなり後回しでサービスが開始されるはずだ。

ただし、ＩＴ化の最大の特徴は、限界費用（生産量を小さく一単位だけ増加させたとき、総費用がどれだけ増加するかを考えたときの、その増加分のコストのこと）がほぼゼロであることだ。それゆえ、通常のサービスならば提供が見込めない地域でも、いずれは遅ればせながらも、なんらかのウーバーX的なる交通サービスが提供されるようになる可能性は高い。

とりわけ公共交通やタクシーの空白地帯となっている農村において、この限界費用ゼロのウーバーX的なるものが提供されることは福音である。もちろん、ウーバーなどのグローバル企業によるアプリに頼らなくとも、移動希望者とその移動を引き受ける移動手段提供者を村内のリアルな掲示板やバーチャルな掲示板などでマッチングすればよいだけだが、農村部の移動を支える手段として効率的に確立させるためには、こうしたウーバーX的なるものの普及が必要となる。

つまり、これまで村内でマイカー移動が自主的に行えず、そもそも移動することを望んではいるが（あるいは今後望むことになるが）、空白地帯であるがゆえに諦めていた移動を、駐車場に放置されていた機械（マイカー）と時間（村民の余暇）とをマッチングすることで新たにビジネスとして創出できれば、域内GDPは必ず上昇する。さらにいえば、都市部で生じるような既存のタクシー、公共交通などの交通サービスがウーバーに置き換えられて消滅するという問題も、農村部ではそもそもはじめから空白であるから問題にならない。

また都市とは異なり、当面はタクシーすら配備されることのない公共交通の空白地帯においての話である。完全自動運転車は、限界費用がゼロに近づくことはない。つまり、それ専用で農村に完全自動運転車を配備できないはずだ。おそらくは、農村では各自が所有しているマイカーがウーバーX的なるものに順次置き換わるだけで、地域経済にとってマイナスにはならないだろう。
したがって、農村部で地域の将来を見越した総合的な交通計画を策定する際には、このウーバーX的なるものの普及については、最新の情報を常にアップデートしながら配慮してゆく必要があるといえよう。

ロードプライシングとＩＴＳで車は減るか？

ロードプライシングの効用

伝統的なロードプライシングには、ノルウェーのオスロやベルゲンのほか、ロンドンやミラノなどで導入されているように、中心市街地に車を乗り入れる際に料金所あるいはＥＴＣゲートで料金を徴収するタイプのものがある。これは、料金徴収によって自動車交通の進入を抑制することで、都市内の渋滞や大気汚染の緩和など社会的損失の抑制を目的としており、同時にそこで得られる財源を利用した社会的損失の回復を目指す制度として導入されている。

これに対し、日本を含めた世界中の国々では、高速道路・高規格道路あるいは橋梁・トンネルに料金所を設けるシステムを導入している。また、スイスやオーストリアなどでは、高速道路を通行したい車両は、「ヴィニエット」と呼ばれるステッカーを購入し、車両前方部の窓ガラスに張り付け、その購入した権利期間だけ通行できるようにしている。これらの高速道路、自動車専用道路などの通行に対する料金措置は、道路や橋梁などインフラ整備の事業費を一定期間内に回収することを目的として徴収されており、ロードプライシングとは区別される。

ドイツのアウトバーンおよび高規格の国道には料金所は存在せず、乗用車は料金を支払う必要はないが、トラックなどの貨物車に対してはロードプライシングとして、ボードコンピュータの設置が義務づけられ、通行区間分の走行料金が徴収されるしくみになっている。

オランダでは、国内のすべての高規格道路において、渋滞になりやすい時間帯に狙いを定めて料金を徴収したり、交通量と料金が連動して変動するロードプライシングの導入が自家用車を含めた全車両を対象として検討された時期もある。こうしたオンボード型の料金徴収システムは、GPS機能とITS（高度道路交通システム）などの発展によって、それぞれの国や地域の道路事情に合わせて導入されてきた。

日本の都市や農村において、その総合的な交通計画のなかで、マイカー交通を抑制したり、他の交通機関を促進したりする目標を掲げるなら、幹線道路などでこうしたロードプライシングの導入は検討されるべきだろう。

ただし、自治体単体でそれを実現しようとする場合には、自転車交通の推進などとは桁外れに高い障害が待ち受けている。それでも、スプロール化してしまった市域を引き締めたり、ショートウェイシティ化を迅速に進めるためには、自動車交通のスピードを大幅に減じる静穏化対策（4章参照）か、こうしたロードプライシングを採用することで、自動車交通の利便性を低下させる措置を継続的に行っていかねばならない。

ＩＴＳで渋滞を回避してはいけない理由

自動車交通の利便性を低下させる際に注意したいのが、日本でもてはやされているＩＴＳ(Intelligent Transport Systems：高度道路交通システム）と呼ばれる技術についてである。ＩＴＳは、人と道路と車の間で情報の受発信を行い、道路交通が抱える事故や渋滞などの課題を解決するためのシステムのことを指す。

渋滞が抑制されることで、車の燃費が向上し、環境配慮型の道路交通になるとも喧伝されているが、３章でも述べた通り、交通のスピードや交通手段が変化しても、人の生活における移動回数と移動にかける時間は変わることがないことから、結局のところは、自動車交通の速度上昇は走行距離の増大を招くだけで、環境問題の解決にはならない。

とりわけこのＩＴＳをカーナビと連動させて、渋滞緩和のために抜け道ルートを提案するような試みが行われている。しかし、多くの都市計画者、交通計画者は、ＧＰＳとカーナビ、ＩＴＳによる渋滞情報を活用した大掛かりな渋滞回避システムの普遍的な導入には否定的である。それは、幹線道路や高速道路が渋滞した際に、カーナビが抜け道を自動検索し、そちらへ自動車交通を誘導すると、交通の静穏化と分離化・結束化という都市計画のコンセプトがぶち壊しになるからだ。

渋滞問題の本当の解決とは、過度な車依存の生活から決別することであり、全体の車の交通量を削減し、車のための都市空間の浪費を順次縮小してゆくことである。

もちろん、世界にも類を見ないほど慢性的な渋滞があり、それゆえ高速道路の迂回ルートが多様に用意されている日本の首都高速などでは別の議論も必要になるだろうが、日本の地方では、国道、県道など幹線道路からの抜け道はすぐに生活道路への負荷を増やすことにつながるので、注意するべきだ。もし、地域の生活道路が渋滞の抜け道に頻繁に使用されるようになったら、その生活道路の速度を制限したり、一方通行路に指定するなどして、その生活空間が渋滞を薄める手段に使われることがないように配慮する必要がある。

繰り返すが、渋滞は交通問題ではない。

日本の首都圏では世界に類を見ないほどの渋滞があるからこそ、世界最高レベルの公共交通が機能している。渋滞解決を図りながら、公共交通の支援を同時に行うことはできない。

渋滞とは、移動需要の現象にすぎない。短期的・近視眼的な視野で解決をしようとしても、通常、自動車交通のスピードの上昇が交通量を増大させ、既存の公共交通などの需要減少という新しい問題を生みだすだけである。

また、とりわけＩＴＳによる渋滞の解決策は、突き詰めると公平性に関する倫理的な問題へと発展してしまう。ドイツで１９９０年代から十数年かけて国家予算を投入してＩＴＳを研究した交通学者に突きつけられた倫理的な問題とは、「ＩＴＳによる情報提供は、情報格差をつけたときにしか機能しない」というものである。

もし、すべての車が渋滞情報を自動的にキャッチして、迂回路である抜け道を指示されたら、今度はその抜け道がすぐに渋滞する。だから、誰をその快適な抜け道に案内し、誰をそのまま不快な渋滞に残すか、その決定権は誰にあるのか。これは倫理的な問いかけである。

公共交通を維持し、自転車交通を推進し、まちをコンパクトに保つためには、地方都市ではたかが知れている数分、数十分の渋滞を解決するために、倫理的な命題までを生じさせてはならない。

IoTが多様な交通を選択可能にする

スマートフォンはもとより、スマートウォッチ、スマートアクセサリーなどのウェアラブルなIT端末の普及は今後も続いてゆくだろう。また、製品もタグ管理（RFIDなど主にパッシブタグ）されるようになり、なかにはアクティブにインターネットにつながるようなエッジデバイスも普及が始まっている。加えて、こうしたIT端末から得られる大量の情報を、円滑に処理したり、流通させたりする技術はIoT、モノのインターネットなどと表現される。

こうした技術によって、交通自体も変化する。すでに、店頭販売されていた商品やサービスの多くがネットで注文できるようになり、データで配信されたり、宅配されるようになることで、流通に伴う交通は変わり続けている。今では公共交通の運行情報はほとんどの人が携帯やスマートフォンで検索し、その端末やパッシブタグ（フェリカ）で料金を支払っている。

パリで実施されているヴェリブのようなステーション型、乗り捨て型のレンタサイクルやカーシェアリング、シティカーは、スマートフォンでの利用を前提としてシステムが整備されている。さらに前述したように、完全自動運転車による旅客輸送やウーバーなどの新サービスもスマートデバイスなしでは立ち行かない。

このように交通にもＩｏＴが浸透してゆくと、その先には「移動は、何も考えることなく、マイカー１本で処理する」というモノモーダルな暮らしから、「移動は、何も考えなくても、スマートデバイスで最適な交通手段を案内されて、予約し、アクセスし、決済し、利用する」というマルチモーダル、インターモーダル交通が促進されることになるだろう。

つまり、「〇〇に行きたい」と腕時計などのスマートデバイスに呼びかけると、予算やスピード、人数について尋ねられ、それに返答したら、自動的にタクシーの配車や鉄道の予約、レンタカーの手配などが完了する。移動してゆく先々で出てくる腕時計の指示に従って、アクセスしたり、料金を支払ったりしながら、効率よく現地に辿り着ける。

地域の総合的な交通計画を策定する際は、ウーバーX的なるものと同じように、こうしたインターモーダル、マルチモーダル交通のＩＴ化についても、最新の情報を常にアップデートしながら、配慮してゆく必要があるだろう。とりわけ観光客を呼びこんで地域の活性化に結びつけようとする場合、こうした取り組みは、マイカーでの移動が支配的な地域住民よりも先に、観光で訪れる都市部の住民に活用されているはずだ。都市と農村のＩＴによる情報格差は、ダイレクトに観光地としての経済性の損失につながることにも注意したい。

電気自動車は有効か？

マイカーを利用しているほぼすべての方は「燃費」について把握しているが、その自動車の「熱効率」という指標は知らないのではないだろうか。

ガソリンやディーゼルエンジンによって駆動する内燃機関の自動車は、熱をそのまま動力に転換するしくみではないため、その熱効率は極端に低い。一般に普及している自動車の熱効率は15～25％で、ガソリンを給油することで得たエネルギーの8割ほどはラジエーター、マフラー、そしてボンネットから熱として捨てられているわけだ。

当然、貴重な資源である原油を将来にわたってこのように無駄に使い続けてゆくことはできないし、日本が原油の産地でない以上、地域外にカネを垂れ流して得た貴重なエネルギーを大気に漏らし続けることは許されない。

その点、電気自動車（EV）の熱効率は高い。すでに市販されている電気自動車の多くが、熱効率70％程度で稼働している。これは、電気を充電することで得られたエネルギーの3割ほどしか熱をロスしていないことを意味する。

ただし、地域の自動車交通を電気自動車で組織してゆくべきなのかどうかについては、以下の点に注意することが肝要である。

○その電気自動車に充電するための電源はそもそも何か?

地域外で石炭や天然ガス・原子力などで発電された電力は、その発電所における熱効率自体が3~4割なので、電気自動車によってエネルギー自給を高めたり、総合的な熱効率を飛躍的に高めることはできない(発電所の熱効率35%と電気自動車の70%を掛け合わせると、総合熱効率は25%程度となり、ガソリン/ディーゼル/ハイブリッドエンジンとほとんど変わらない)。

その電源の熱効率が100%を超える無限大(つまり燃料を必要としない)で、かつ地域内に設置された太陽光発電・風力発電・水力発電であるべきだ。すると電気自動車を普及させることによって、熱効率が爆発的に上昇し(大気に大量に漏れているエネルギー放出が激減する)、かつエネルギー自給率も高まり、同時に、温室効果ガスや大気汚染・騒音の抑制などにもつながる。

○太陽光・風力発電という電源については?

ただし、現在の日本における太陽光発電・風力発電の原価は20~25円/キロワット・アワー前後と産業としてはいまだに発展途上であり、かつ、誤った政策誘導で価格が高止まりしているため、欧州、アメリカ、中国など世界価格と比較すると2倍以上もしている。

たとえば、ドイツではすでにどちらの電源も10円/キロワット・アワーを大きく下回っており、将来的には6円を下回るとも予測されている。各種発電源の比較では、原子力よりも、化石燃料よりも安く、水力発電と並んでもっとも安価な電源となる。つまり、「固定価格での全量買取制度」などの再生可能エネルギーを特別扱いして助成・推進する法制度は必要でなくなる。

日本でもこのように市場が推移してゆくなら、かつ、太陽光・風力発電を、地域住民の手による投資で、地域に設置を進めてゆくなら、電気自動車を推進する経済的な意義も十分に発揮される。

○どのような電気自動車を選択するべき?

ガソリンやディーゼルエンジンで駆動する自動車はアナログ技術の典型であり、先駆者優位の産業構造だ。

ガソリンエンジンが燃焼する温度は摂氏2000度以上、燃焼ガスの温度も1000度を超える。エンジン内のシリンダーヘッドや点火プラグが数百度の温度になっても機能し、かつ耐久性に優れていなければ、「普通に動く、普通の自動車」は製造できない。つまり、大資本で、ノウハウが豊富な自動車メーカーとそのサプライヤーにこそ、つくりだすことができるアナログな芸術品といえるだろう。

一方の電気自動車はデジタル技術の典型であり、後発優位の産業構造を抱えている。工業高校の機械科と電気科の生徒が協力すれば（もちろん市販部品をモジュールとして利用する必要はあるだろうが）、地域内で交通を組織する程度の電気自動車であればすぐにつくれてしまう。もちろん、公道を走らせるため、各種の法的規制はクリアしなければならないが、地域外にカネを逃がさないことを交通の主目的にするなら、地域の中小企業による電気自動車製造を育ててゆく価値はあるだろう。

○燃料電池車（ＦＣＶ）は？

電気自動車が後発優位の産業構造だからこそ、大手自動車メーカーはこれまで電気自動車普及の機運が高まるたびに、その代わりの妄想として先駆者優位の産業構造を維持できる燃料電池車（ＦＣＶ）を喧伝してきた。ただし、その時代は終わっている。

もし再生可能エネルギーの大々的な普及によって、ほぼ無料の電力があり余ってしまい、その処分に困るので、水を電気分解してひとまず水素を獲得しておくというような社会が到来しない限り、燃料電池車は何の意味も持たない。

天然ガスや液化石油ガスなどを分離し水素ガスを取りだして燃料としても、総合熱効率に優れるわけでもなく、地域で天然ガスを採掘できるわけでも、燃料電池車を製造できるわけでもない。当面は無視しておいたら良いだろう。

村上 敦（むらかみ・あつし）

ドイツ在住ジャーナリスト、環境コンサルタント。1971年生まれ。執筆、講演等でドイツの環境政策、エネルギー政策、都市計画制度を日本に紹介する。一般社団法人クラブヴォーバン代表。日本エネルギーパス協会、日本エネルギー機構の顧問。著書に『フライブルクのまちづくり』『100％再生可能へ！ ドイツの市民エネルギー企業』『100％再生可能へ！ 欧州のエネルギー自立地域』（以上、学芸出版社）、『キロワットアワー・イズ・マネー』（いしずえ）など。

ドイツのコンパクトシティはなぜ成功するのか

近距離移動が地方都市を活性化する

2017年 3月20日 初版第1刷発行
2017年 5月30日 初版第2刷発行

著者 村上敦
発行者 前田裕資
発行所 株式会社 学芸出版社
京都市下京区木津屋橋通西洞院東入
電話 075－343－0811 〒600－8216

装丁 赤井佑輔（paragram）
印刷 オスカーヤマト印刷
製本 新生製本

ISBN 978-4-7615-2639-9